建筑结构施工图

设计常见错误解析

JIANZHU JIEGOU SHIGONGTU

SHEJI CHANGJIAN CUOWU JIEXI

主　编	▶ 洪祖根
副主编	胡泓一
执行主编	黄益良　陈东明
主　审	徐正安
主编单位	黄山市建筑设计研究院
副主编单位	中铁合肥建筑市政工程设计研究院有限公司
参加编写单位	宣城市建筑设计研究院有限公司
	中铁时代建筑设计研究院有限公司
	淮北市建筑勘察设计研究院有限公司
	安徽汇华工程科技股份有限公司
	安徽山水城市设计有限公司
	蚌埠市建筑设计研究院

参与编写人员名单

丁永涛	丁常顺	军宁	王长义	王康斌	王智忠	武明成
牛岱侠	刘军	王鹤曦	李玉林	李蔚忠	余宏	陈东宁
张名媛	张皖湘	李张杨	张春梅	陈颖	陈志亮	
杨庆	杨韬政	施正发	陆笑旻	单正平	洪志	徐陶
洪祖根	洪善华	席正滨	骆腾兵	胡泓一		
徐宝平	唐世明	黄益良	郭淮成	耿超		
凌建祥	黄永明					

时代出版传媒股份有限公司

安徽科学技术出版社

图书在版编目(CIP)数据

建筑结构施工图设计常见错误解析 / 洪祖根主编；
胡泓一副主编. --合肥:安徽科学技术出版社,2022.1
ISBN 978-7-5337-8373-0

Ⅰ.①建… Ⅱ.①洪…②胡… Ⅲ.①建筑制图-识
别 Ⅳ.①TU204.21

中国版本图书馆 CIP 数据核字(2021)第 237654 号

建筑结构施工图设计常见错误解析

主　编　洪祖根
副主编　胡泓一

・・・

出 版 人:丁凌云　　　　选题策划:王菁虹　　　　责任编辑:王菁虹
责任校对:沙　莹　　　　责任印制:梁东兵　　　　装帧设计:王　艳
出版发行:时代出版传媒股份有限公司　http://www.press-mart.com
　　　　　安徽科学技术出版社　　　　　http://www.ahstp.net
　　　　　(合肥市政务文化新区翡翠路 1118 号出版传媒广场,邮编:230071)
　　　　　电话:(0551)63533330
印　　制:合肥创新印务有限公司　　　电话:(0551)64321190
(如发现印装质量问题,影响阅读,请与印刷厂商联系调换)

・・・

开本:787×1092　1/16　　　印张:11.25　　　　　　字数:258 千
版次:2022 年 1 月第 1 版　　2022 年 1 月第 1 次印刷

・・・

ISBN 978-7-5337-8373-0　　　　　　　　　　　定价:66.00 元

　　百年大计,质量第一。这是从事建筑工程设计、施工、监理人员一直坚守的理念。建筑工程质量直接关系到人民生命财产安全,建筑设计中特别是结构设计对整个建筑工程质量有着直接的影响。结构设计不仅对整个建筑工程质量有指导引领作用,而且直接关系到建筑工程的品质。建筑工程设计质量最基本的要求就是满足国家相关设计规范和设计标准。为了切实提高建筑工程设计质量,我们组织了一些多年从事建筑工程结构设计的人员,结合他们多年的设计实践,对建筑工程结构设计中常见错误进行了系统汇总分析,以引起大家的重视,为提高和确保建筑工程质量做些工作。本书主要面向建筑工程结构设计专业初学者和刚从事结构设计的人员,对从事建筑工程项目管理人员、施工人员和大专院校本专业的高年级学生也有一定的指导作用。

　　《建筑结构施工图设计常见错误解析》一共分九章。

　　本书第一章"设计总说明"、第九章"非结构构件",由安徽省宣城市建筑设计院有限公司李玉林同志(院长、高级工程师、国家一级注册结构工程师)负责编写,参加编写人员有王康斌、丁永涛。

　　本书第二章"结构选型与计算分析",由中铁时代建筑设计院有限公司张皖湘同志(公司董事长、教授级高工、安徽省工程勘察设计大师、国家注册岩土工程师)负责编写,参加编写人员有王军、张鹤、席滨、陈颖、陶亮、杨曦。

　　本书第三章"地基与基础",由安徽省淮北市建筑勘察设计研究院有限公司刘军同志(院总工程师、高级工程师、国家一级注册结构工程师)负责编写,参加编写人员有丁常顺、牛岱侠、张春梅、郭淮成。

　　本书第四章"钢筋混凝土结构",由中铁合肥建筑市政工程设计院有限公司胡泓一同志(中铁第六勘察设计院集团有限公司副总工程师、中铁合肥建筑市政设计研究院有限公司副院长、总工程师、安徽省土木建筑学会副理事长、高级工程师、国家一级注册结构工程师、注册监理工程师)负责编写,参加编写人员有王智忠、耿超、张名媛、杨韬。

　　本书第五章"钢结构",由安徽汇华工程科技股份有限公司骆腾兵同志(院总工程师、高级工程师、国家一级注册结构工程师)负责编写,参加编写人员有唐世华、李宁、杨庆、王长义。

　　本书第六章"砌体结构",由安徽山水城市设计有限公司余宏武同志(院副总工程师、高级工程师、国家一级注册结构工程师)负责编写,参加编写人员有徐宝平、施正发。

本书第七章"木结构",由黄山市建筑设计研究院洪祖根同志(院长、教授级高级工程师、安徽省工程勘察设计大师)负责编写,参加编写人员有黄益良、黄永明、洪志成、徐宁、单正平,黄山市审图中心陆笑旻同志也参加了本章编写。

本书第八章"幕墙结构",由蚌埠市建筑设计研究院凌建祥同志(院长、教授级高级工程师、国家一级注册结构工程师)负责编写,参加编写人员有李蔚忠、洪善政。

陈东明同志组织了本书的编写工作,提出了"对社会负责,对读者负责,对自己负责"的编写理念,多次与编写单位一起研究解决编写中的问题,与编写人员一起对不同阶段的书稿进行反复修改完善,努力使书稿表达规范、严谨、科学。

在编写初稿完成后,我们请孙洁、丁晓红、徐朝前、沈宝、应文浩、何亮、王进等专家进行了书面审阅,他们从专业角度对书稿提出了很多宝贵意见。

国家一级注册结构工程师、教授级高级工程师、安徽省工程勘察设计大师、安徽省建筑设计研究总院有限公司总经理徐正安同志担任本书主审,对编写工作提出了很好的指导意见。

章志钧、朱德丽、范鹤川、陈丽、唐筠然、黄满红、吴辰姝、张逸夫等同志在编写工作中给我们提供不少帮助。

对本书编写工作中给我们指导帮助的专家和其他工作人员一并奉上我们的谢意。由于我们水平有限,书中可能出现疏漏和不足之处,请业内专家及广大读者批评指正。

编　者

目　录
CONTENTS

第一章 结构设计总说明

1. 某工程底部为建筑面积大于 20 000 m² 的多层商场,其上部为住宅,结构设计说明中没有分区段明确结构的抗震设防类别

不同的建筑工程遭受地震破坏时造成的人员伤亡、财产损失及社会影响是不同的,不同使用功能的建筑在抗震救灾中发挥的作用也是不同的,据此将建筑工程划分为不同的抗震设防类别,采取不同的抗震设计要求,是我国现有技术和经济条件下减轻地震灾害的重要对策之一。基于此,对于集多种使用功能于一体的大型建筑工程,当不同区段的使用功能的重要性有显著差异时,其抗震设防要求也应区别对待——可仅提高重要区段的抗震设防类别,因此《建筑工程抗震设防分类标准》(GB 50223—2019)第 3.0.1.4 款规定:建筑各区段的重要性有显著不同时,可按区段划分抗震设防类别。

对于题目中给出的工程,其底部多层商场的建筑面积大于 20 000 m²,依据《商店建筑设计规范》(JGJ 48—2019)第 1.0.4 条的规定,该多层商场属大型商店建筑,而按《建筑工程抗震设防分类标准》(GB 50223—2019)第 6.0.5 条的规定:"商业建筑中,人流密集的大型的多层商场抗震设防类别应划分为重点设防类(乙类)。当商业建筑与其他建筑合建时应分别判断,并按区段确定其抗震设防类别。"因此,本工程的底部多层商场的抗震设防类别应为重点设防类(乙类)。至于其上部的住宅部分,依据《建筑工程抗震设防分类标准》(GB 50223—2019)第 6.0.12 条的规定"居住建筑的抗震设防类别不应低于标准设防类",因此本工程上部住宅部分的抗震设防类别为标准设防类(丙类)。

综上所述,本工程的结构设计时其抗震设防类别应按底部大型商场、上部住宅两部分分别确定,并且在结构设计说明中分别予以说明:底部大型商场的抗震设防类别为重点设防类(乙类),上部住宅的抗震设防类别为标准设防类(丙类)。

需要注意的是,当建筑沿竖向按《建筑工程抗震设防分类标准》(GB 50223—2019)第 6.0.5 条的要求分区段划分抗震等级时,尚应服从《建筑工程抗震设防分类标准》(GB 50223—2019)第 3.0.1.4 款的"下部区段的类别不应低于上部区段"的规定,即上部区段如为重点设防类(乙类),则其下部区段也应为重点设防类(乙类)。

2. 多层住宅的屋面设有紧凑式家用太阳能热水器时,结构设计说明中的屋面活荷载取值没有计入该太阳能热水器的荷载

正常使用的建筑屋面的活荷载可以按《建筑结构荷载规范》(GB 50009—2019)第5.3.1条表5.3.1中的规定取值。对于安装有紧凑式家用太阳能热水系统的屋面,活荷载取值时则应计入该太阳能热水系统的影响。《民用建筑太阳能热水系统应用技术标准》(GB 50364—2018)第3.0.6条规定"建筑的主体结构或结构构件应能承受太阳能热水系统传递的荷载和作用",而在其条文说明中要求"太阳能热水系统的组成部件与介质的总重量,应纳入建筑主体结构或围护结构计算的荷载",但该标准中没有给出该荷载的具体取值。而安徽省地方标准《太阳能热水系统与建筑一体化技术规程》(DB 34/1801—2012)对此荷载给出了具体要求,该规程的第5.4.10条规定"设置太阳能热水系统的屋面活荷载应根据太阳能热水系统自重、运行水重等按等效均布活荷载取值,且不小于2.5 kN/m²。贮热水箱集中布置时,应根据具体荷载确定所在部位的活荷载取值"。而在其条文说明中,对紧凑式家用太阳能热水器的使用荷载进行了详细分析,认为由于采用紧凑式家用太阳能热水器时,没有贮热水箱集中布置的情况,安装此类太阳能热水系统的屋面活荷载可按不小于2.5 kN/m² 考虑。因此多层住宅的屋面设有紧凑式家用太阳能热水系统时,屋面的活荷载可以参照此规程按不小于2.5 kN/m² 取值,并在结构设计说明中加以明确。

3. 在结构设计说明中列表说明楼面活荷载的类别和取值时,对于特殊行业或功能特别的民用建筑没有按建筑施工图中所标注的使用功能逐一确认并列出,造成活荷载的类别遗漏或活荷载取值错误

在结构设计说明中采用列表方式说明楼屋面活荷载是直观有效的,也是结构设计人员最常用的方式。对于教学楼、住宅楼、宿舍楼等使用功能单一的建筑,直接采用《建筑结构荷载规范》(GB 50009—2012)的表5.1.1中的类别和取值进行列表是没有问题的。

而对于那些使用性质特殊、功能特别的建筑或建筑中的某些特定区域,常常难以按照上面的做法将建筑功能简单地归并为《建筑结构荷载规范》(GB 50009—2019)表5.1.1中的类别,并按该表所列选用活荷载取值。这时应根据建筑平面图中所标注的功能逐一列出,并向配套的专业设计单位(如工艺设计、医技设计等)或建设单位确认其活荷载的取值,以满足其使用要求,保证结构设计的安全可靠。

例如,医院的门诊楼、医技楼等建筑中门诊室的楼面活荷载就不能直接按《建筑结构荷载规范》(GB 50009—2012)表 5.1.1 中项次 2 的医院门诊室取值,因为其楼面活荷载取值不仅与其在建筑施工图中所标注的使用功能有关,而且与其所使用的专业诊疗设备有关。同样的诊疗室由于所采用的诊疗设备不同,其楼面活荷载就会不同。在 2009 年版《全国民用建筑工程设计技术措施-结构(结构体系)》附录 F 表 F.1-1 中,就列出了 X 线室的 4 种不同的楼(地)面活荷载取值(见表 1-1),而且在该表下方还特别注明了"当医疗设备型号与表中不符时,应按实际情况采用"的要求。

表 1-1　X 线室 4 种活荷载取值

1.30 mA 移动式 X 线机	2.5 kN/m²
2.200 mA 诊断 X 线机	4.0 kN/m²
3.200 kV 诊疗机	3.0 kN/m²
4.X 线存片室	5.0 kN/m²

因此,结构设计时须根据建筑施工图中所标注的使用功能,有针对性地向配套的专业设计单位(如工艺设计、医技专业等)或建设单位确认其活荷载的取值,在结构设计说明中列出并以此作为设计计算的依据。

4. 结构设计说明中,工程建设地点没有具体明确至其所在的区(乡、镇)

因《建筑抗震设计规范》(GB 50011,标准及规范的详情见书末附录,余同)的"附录 A　我国主要城镇抗震设防烈度、设计基本地震加速度和设计地震分组"中,仅列出了我国各县级及县级以上城镇地区建设工程抗震设计时所采用的抗震设防烈度、设计基本地震加速度值和所属的设计地震及分组,供设计参照执行。

在《建筑抗震设计规范》(GB 50011)的条文说明中是这样的:

本附录系根据《中国地震动参数区划图》(GB 18306—2015)和《中华人民共和国行政区划简册 2015》以及中华人民共和国民政部发布的《2015 年县级以上行政区划变更情况(截至 2015 年 9 月 12 日)》编制。

本附录仅给出了我国各县级及县级以上城镇的中心地区(如城关地区)的抗震设防烈度、设计基本地震加速度和所属的设计地震分组。当在各县级及县级以上城镇中心地区以外的行政区域从事建筑工程建设活动时,应根据工程场址的地理坐标查询《中国地震动参数区划图》(GB 18306—2015)的"附录

A(规范性附录) 中国地震动峰值加速度区划图"和"附录 B(规范性附录) 中国地震加速度反应谱特征周期区划图",以确定工程场址所在地的抗震设防烈度、设计基本地震加速度和所属的设计地震分组。见表1-2、表1-3。

表1-2 抗震设防烈度、设计基本地震加速度和 GB 18306 地震动峰值加速度的对应关系

抗震设防烈度	6	7		8		9
设计基本地震加速度值	$0.05g$	$0.10g$	$0.15g$	$0.20g$	$0.30g$	$0.40g$
GB 18306:地震动峰值加速度	$0.05g$	$0.10g$	$0.15g$	$0.20g$	$0.30g$	$0.40g$

注:g 为重力加速度。

表1-3 设计地震分组与 GB 18306 地震动加速度反应谱特征周期的对应关系

设计地震分组	第一组	第二组	第三组
GB 18306:地震动加速度反应谱特征周期	0.35 s	0.40 s	0.45 s

由该条文说明可知《建筑抗震设计规范》(GB 50011)附录 A 中的抗震设防烈度、设计基本地震加速度值和所属的设计地震分组等,仅适用于县级及县级以上城镇的中心地区(如城关地区)——也就是县城的建筑工程,对于县城以外的建筑工程则要查证《中国地震动参数区划图》(GB 18306—2015)的附录 A、附录 B 及附录 C 等来确定。

而在《中国地震动参数区划图》(GB 18306—2015)的附录 A、附录 B 及附录 C 中可以看到,同一县域内的不同乡镇的地震动峰值加速度、反应谱特征周期等是不完全相同的。如安徽省郎溪县的建平镇(郎溪县城)、梅渚镇、新发镇及凌笪乡的地震动参数就高于郎溪县境内的其他地方。

所以,在结构设计说明中工程的建设地点应明确至所在区(乡、镇)。

5. 高层住宅设计时阳台上设置太阳能热水系统(包括太阳能集热器、贮热水箱),结构设计说明中没有对集热器、贮热水箱的安装提出明确的限制要求

《民用建筑太阳能热水系统应用技术标准》(GB 50364—2018)第3.0.7条规定"太阳能集热器的支撑结构应满足太阳能集热器运行状态的最大荷载和作用"。该条的条文说明是这样解释的:轻质填充墙承载力和变形能力低,不应作为太阳能热水系统特别是集热器和贮热水箱的支撑结构。同样,砌体结构平面外承载能力低,难以直接进行连接,所以宜增设混凝土构件或钢结构连接构件。

因此,当高层住宅于阳台上设置太阳能热水系统(包括太阳能集热器、贮热水箱)时,结构专业在结构设计说明中不仅要说明太阳能热水系统的集热器、贮热水箱的使用荷载,还要说明其安装位置,并明确不得直接安装于轻质填充墙上的要求。

6. 对于基础采用大开挖施工的建筑,结构设计时没有考虑地面下填土存在后期沉降变形的影响,仍要求底层非承重的砌体内隔墙的基础采用结构设计说明中的"元宝基础"做法

建筑地面无沉降时,底层非承重的砌体内隔墙采用"元宝基础"是经济合理的,也是安全可靠的。而对于基础采用大开挖施工的建筑,室内地面下均为填土,虽然要求填土施工时分层压实,但因受填方面积大、土的均应性不易保证、回填夯实施工存在差异性等因素的影响,填土的后期仍会有沉降及沉降差。这时建筑底层非承重的内隔墙如果仍然采用这种"元宝基础"(如图 1-1)的做法,那么在地面使用荷载、墙体重量及周边环境影响(如相邻场地降水、地表震动)等的综合作用下,可能会引起该墙体的开裂甚至倾斜等质量或安全问题。

因此,对于这样的建筑,其底层非承重的砌体内隔墙下不应采用"元宝基础"做法,而应采取设钢筋混凝土地基梁或其他有效结构承重的方式处理。

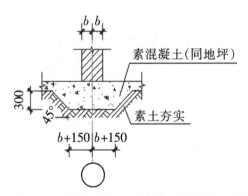

注:适用于室内底屋填充墙,位置详见基础平面布置图。

图 1-1 元宝基础

7. 设有电梯的工程,结构设计说明中没有明确电梯机房顶部吊钩承受的荷载限值

电梯机房顶部吊钩承受的荷载限值,是结构设计时进行结构布置和计算的依据,应该在结构设计说明中予以明确。

电梯机房顶部吊钩承受的荷载限值应由确定的电梯生产厂家提供的《电梯土建技术要求》给出。而对于较常用的电梯,此限值也可以按《电梯 自动扶

梯 自动人行道》(13J404)中的《电梯土建技术要求》的第 2.1.4 条取用,并在结构设计说明中予以说明,其具体要求是"吊钩承受的荷载,对于额定载重量 3 000 kg 以下的电梯不应小于 2 000 kg,对于载重量大于 3 000 kg 的电梯应不小于 5 000 kg"。

8. 对于建筑节能设计中要求层间楼板采用板上保温的工程,结构设计时没有考虑板上保温的构造层厚度对楼面结构标高的影响,在结构设计说明中仍以"本工程楼面的结构标高按 $H-0.030$ 或 $H-0.050$ 计算(其中 H 为建筑楼面的完成面标高)"的方式说明

楼面的结构标高按 $H-0.030$ 或 $H-0.050$ 计算,是基于建筑的楼面构造做法为仅在结构板面上设水泥砂浆面层或细石混凝土面层时的要求,因为这些面层的厚度一般在 30 mm 或 50 mm。

当建筑节能设计要求层间楼板采用板上保温时,楼面的构造做法一般需设找平层、防潮层、保温层、防水层、保护层及饰面层等,其累计厚度就会远大于 30 mm 或 50 mm,这时楼面的结构标高应考虑此影响,按建筑楼面的完成面标高扣除保温楼面构造做法的实际厚度得出。因此结构设计说明中也应根据此要求进行调整,而不应仍以"本工程楼面的结构标高按 $H-0.030$ 或 $H-0.050$ 计算(其中 H 为建筑楼面的完成面标高)"的方式说明。

9. 结构设计说明中没有把结构设计时应执行的主要设计依据列明,而仅以"本工程按国家及地方现行有关规范、规程及标准进行设计"的说明一语带过

这种做法不符合《建筑工程设计文件编制深度规定》(2018 版)第 4.4.3.2.12 项的要求,是不对的。正确的做法是根据项目的使用功能、结构形式、受力特点、施工方法等,在结构设计说明中将本专业设计时应执行的主要的规范、标准以及其他可作为本工程结构设计依据的文件等集中列明。具体要求如下:

(1)结构设计时应执行的主要现行国家标准,应明确列出其名称、标准代号、编号、年号及版本号。如《建筑抗震设计规范》(GB 50011—2016)。

(2)涉及相关地方标准时,也应列出其名称、标准代号、编号、年号及版本号。如在安徽省境内进行住宅工程设计时需明确应执行《住宅工程质量通病防治规程》(DB 34/1659—2012)。

(3)地质勘查报告,应明确地质勘查报告的名称、编号,同时还应明确地质勘查报告的编制单位的名称。

(4)设计采用的标准图集,应列出其名称、年号、标准代号、编号等,如《钢筋混凝土预埋件》(16G362)。

（5）其他作为结构设计依据的文件，也都应列出其名称、编号、行文单位的名称、行文时间等，如中华人民共和国住房和城乡建设部令第 37 号《危险性较大的分部分项工程安全管理规定》。

应注意的是，以上所有设计依据的名称（包括文件名、编制单位的名称及行文单位的名称等）均应采用全称。

10. 结构设计说明中没有对地下室顶板上的景观荷载的限值做出必要的说明

一般来说，在进行地下室结构设计时，景观设计还没有结束，地下室顶板上的景观荷载不能准确计算。这种情况下，为了既不影响设计进度又能保证结构安全，结构工程师应向项目的前期相关专业设计人（如规划设计、方案设计）或建设单位确认其对景观设计的具体要求，如构成景观的材质、尺寸、位置及做法，等等，据此做出合理的估算，将估算的结果作为地下室顶板结构计算时景观的荷载取值和景观设计时的限值，并应在结构设计说明中加以明确。

11. 结构设计说明中，没有明确对施工现场重大危险源所应采取的必要的施工措施、应特别注意的操作事项等，如设置基坑支护的要求，人工挖孔桩的施工安全措施，现浇混凝土结构梁板拆除底模时的条件，等等

设计和施工是工程建设过程中既相互独立又密切相关的两个阶段，而结构设计对于施工能否顺利地实现建筑功能、保证结构安全更起着关键的指导作用。

依据《中华人民共和国建筑法》《中华人民共和国安全生产法》制定的《建设工程安全生产管理条例》（国务院令第 393 号）的第 13 条中规定："设计单位应当按照法律、法规和工程建设强制性标准进行设计，防止因设计不合理导致生产安全事故的发生。设计单位应当考虑施工安全操作和防护的需要，对涉及施工安全的重点部位和环节在设计文件中注明，并对防范生产安全事故提出指导意见。采用新结构、新材料、新工艺的建设工程和特殊结构的建设工程，设计单位应当在设计中提出保障施工作业人员安全和预防生产安全事故的措施建议。"

自 2018 年 6 月 1 日起施行的住建部第 37 号令《危险性较大的分部分项工程安全管理规定》第 6 条中，也要求"设计单位应当在设计文件中注明涉及危大工程的重点部位和环节，提出保障工程周边环境安全和工程施工安全的意见，必要时进行专项设计"。

因此，在结构设计说明中应明确防止发生施工安全事故的相关要求和措施。

那么,施工现场都有哪些重大危险源呢?

在 2016 年版《建筑工程设计文件编制深度规定》第 4.4.3 条中,根据各类工程的具体情况也分别列出了需特别说明的诸多事项和要求,设计时应结合单体工程的设计需要按其要求予以说明。

而在(建办质〔2018〕31 号)《住房城乡建设部办公厅关于实施〈危险性较大的分部分项工程安全管理规定〉有关问题的通知》的附件一和附件二中,还分别给出了《危险性较大的分部分项工程范围》和《超出一定规模的危险性较大的分部分项工程范围》,结构设计说明中也应根据具体工程的实际情况,有针对性地明确其设计和施工要求。

12. 对于需采用后置埋件的工程,结构设计说明中没有对后置埋件的施工危害提出限制要求

建筑工程施工过程中采用后置埋件的情况很多,如幕墙工程、二次结构工程、结构加固改造工程、室内外装饰工程等。后置埋件施工时要动用电钻类的工具在主体结构的梁、板、柱中钻孔以埋设锚栓或植入钢筋,如不注意就会损伤主体结构中的受力钢筋,造成结构和构件承载力降低甚至丧失,形成安全隐患。因此,在这类工程的结构设计说明中,必须明确要求后置埋件施工时不得损伤主体结构的受力钢筋,以防止发生意外。

13. 按标准图集选用结构详图时,没有考虑图集所涉规范、标准的版本更新所造成的影响,应提出相应的处理措施和要求并在结构设计说明中明确

设计采用标准图集选用结构详图时,经常会遇到图集所涉及的规范、标准(包括材料、设计、施工及验评等规范、标准)的版本发生更新的情况。而由于这些规范、标准的更新会对诸如材料强度取值、设计计算参数、施工制作要求、检测方式、验评标准等提出新的要求,因此在运用标准图集选用构件详图时,需要考虑这些变化所造成的影响,进行必要的验算,做出适当的调整,并在结构设计说明中予以明确。

14. 工业厂房结构设计时没有在结构设计说明中明确经工艺设计或业主方确认的特殊荷载的取值和设计要求

由于工业厂房结构设计的特殊性,经常会遇到基于工艺设计或业主方使用方面的专业性很强的特殊设计要求,这时结构工程师应以书面的形式向工艺设计单位或业主方提出确认,如:

(1)工业厂房中影响结构设计和安全的设备、设备基础、机坑、工作平台、悬挂荷载或堆载等。

（2）供设备安装的预埋件或预留孔洞的设置要求。

（3）按《工业建筑防腐蚀设计标准》（GB/T 50046—2018）的规定和要求进行防腐蚀设计的分级、分类要求。

（4）设备运行的荷载及其动力特性。

（5）异常高温区对结构布置的影响和防护要求。

（6）爆炸、撞击等偶然荷载。

而在结构设计说明中应针对以上已确认的内容做出必要的说明,同时将建设单位或工艺设计单位提供的书面答复文件列入设计依据中并予存档。

第二章　结构选型与计算分析

1. 结构设计仅把满足刚度比、位移比、周期比要求作为结构设计目标,忽视概念设计

建筑抗震概念设计是根据地震灾害和工程经验等所形成的关于建筑抗震的基本设计原则和设计思想,进行建筑和结构总体布置并确定细部构造的过程。

《建筑抗震设计规范》(GB 50011)第 3.4.1 条规定,建筑设计应根据抗震概念设计的要求明确建筑形体的规则性。不规则的建筑应按规定采取加强措施;特别不规则的建筑应进行专门研究和论证,采取特别的加强措施;严重不规则的建筑不应采用。

《高层建筑混凝土结构技术规程》(JGJ3—2019)第 1.0.4 条规定,高层建筑结构应注重概念设计,重视结构的选型和平面、立面布置的规则性,加强构造措施,择优选用抗震和抗风性能好且经济合理的结构体系。在抗震设计时,应保证结构的整体抗震性能,使整体结构具有必要的承载能力、刚度和延性。

因此,满足规范要求的刚度比、位移比、周期比等规定,仅是结构设计的部分基本要求。

2. 选择结构计算分析软件时,没有考虑其适用性

在结构计算与分析阶段,如何准确、高效地对工程进行内力分析并按照规范要求进行设计和恰当处理,是决定工程设计质量好坏的关键。

目前比较通用的计算软件有 SATWE、3D3S、YJK、ETABS、SAP、MIDAS等,各软件在采用的计算模型上存在着一定的差异,导致了各软件的计算结果的不同。在进行工程整体结构计算和分析时必须依据结构类型和计算软件模型的特点选择合理的计算软件,是结构工程师在设计工作中首要的工作之一。如果选择了不合适的计算软件,有可能造成计算结果不合理。

3. 确定结构方案时,片面地追求造价最低是错误的

抗震结构设计时应采用合理的结构类型。结构方案选取是否合理,对安全性和经济性都有影响,经济性只是一个方面。

抗震结构体系要通过综合分析,采用合理而经济的结构类型。结构的地震反应同场地的频谱特性有密切关系,场地的地面运动特性又同地震震源机制、震级大小、震中的远近有关;建筑的重要性、装修的水准对结构的侧向变形大小有所限制,从而对结构选型提出要求;结构的选型又受结构材料和施工条件的制约以及经济条件许可等的影响。这是一个综合的技术经济问题,应周密加以考虑。

《建筑抗震设计规范》(GB 50011)第3.5.1条规定,结构体系应根据建筑的抗震设防类别、抗震设防烈度、建筑高度、场地条件、地基、结构材料和施工等因素,经技术、经济和使用条件综合比较确定。

4. 结构体系受力不明确、传力途径不合理

抗震结构体系要求受力明确、传力途径合理且传力路线不间断,使结构的抗震分析更符合结构在地震时的实际表现,对提高结构的抗震性能十分有利,是结构选型与布置结构抗侧力体系时首先考虑的因素之一。

《建筑抗震设计规范》(GB 50011)第3.5.2条规定,结构体系应符合下列各项要求:

(1)应具有明确的计算简图和合理的地震作用传递途径。

(2)应避免因部分结构或构件破坏而导致整个结构丧失抗震能力或对重力荷载的承载能力。

(3)应具备必要的抗震承载力、良好的变形能力和消耗地震能量的能力。

(4)对可能出现的薄弱部位,应采取措施提高其抗震能力。

《建筑抗震设计规范》(GB 50011)第3.5.3条规定,结构体系宜符合下列各项要求:

(1)宜有多道抗震防线。

(2)宜具有合理的刚度和承载力分布,避免因局部削弱或突变形成薄弱部位,产生过大的应力集中或塑性变形集中。

(3)结构在两个主轴方向的动力特性宜相近。

5. 高层建筑设计没有控制抗侧刚度和抗扭刚度是错误的

高层建筑设计应控制抗侧刚度和抗扭刚度。

结构承重构件布置的关键之一是避免承载力及楼层刚度的突变,避免出现薄弱层并确保竖向传力的有效性,避免产生过大的位移而影响结构的承载力、稳定性和使用要求。通过控制最小剪力系数(剪重比)和最大层间位移(位移角),保证房屋具有足够的抗侧刚度。

国内外历次地震震害表明,平面不规则、质量与刚度偏心和抗扭刚度太弱的结构,过大的扭转效应会导致结构的严重破坏。通过控制扭转位移比,限制楼层的扭转变形;通过控制第一扭转周期与第一平动周期的比值,使结构具有必要的抗扭刚度。

抗侧刚度及抗扭刚度与楼层高度、剪力墙、柱的数量和平面布置等有关。

6. 片面地认为调整结构抗侧、抗扭刚度的唯一途径是调整抗侧力构件截面尺寸

影响建筑结构抗侧、抗扭刚度大小的主要因素:结构体系(剪力墙结构、框剪结构、框架结构等)、主要抗侧力构件的截面尺寸(剪力墙、框架柱、框架梁等)、计算长度、线刚度、弹性模量、构件布置、混凝土构件的实际配筋、徐变、收缩和塑性内力重分布等。

抗侧力构件的截面尺寸只是影响结构刚度的一个因素。

7. 特别不规则的建筑,抗震设计时没有采用时程分析法进行多遇地震下的补充计算

《建筑抗震设计规范》(GB 50011)第1.0.1条明确提出"三水准设计目标":按本规范进行抗震设计的建筑,其基本的抗震设防目标是:当遭受低于本地区抗震设防烈度的多遇地震影响时,主体结构不受损坏或不需修理可继续使用;当遭受相当于本地区抗震设防烈度的设防地震影响时,可能发生损坏,但经一般性修理仍可继续使用;当遭受高于本地区抗震设防烈度的罕遇地震影响时,不致倒塌或发生危及生命的严重破坏。使用功能或其他方面有专门要求的建筑,当采用抗震性能化设计时,具有更具体或更高的抗震设防目标。

为实现以上目标,应采取"两阶段设计步骤":

第一阶段为结构弹性设计阶段,对于绝大多数一般结构,取多遇地震的地震动参数计算结构的弹性地震作用和作用效应,进行结构构件的抗震承载力验算和结构弹性变形验算,应满足第一水准设计要求。通过概念设计和抗震构造措施规定结构延性和耗能能力来满足第二水准、第三水准的设计目标要求。

第二阶段为结构弹塑性设计阶段,对于特别不规则结构、发生震害后果特别严重结构,还要进行罕遇地震下的弹塑性变形验算,并采取相应抗震构造措施,以保证第三水准的设计目标的实现。

《建筑抗震设计规范》(GB 50011)第5.1.2条规定,特别不规则的建筑,应采用时程分析法进行多遇地震下的补充计算。

8. 判断建筑形体及构件布置的平面不规则时,认为只有平面不规则类型是错误的

《建筑抗震设计规范》(GB 50011)第3.4.3条规定,混凝土房屋、钢结构房屋和钢-混凝土混合结构房屋存在表2-1所列举的某项平面不规则类型以及类似的不规则类型,应属于平面不规则的建筑。

表2-1　平面不规则的主要类型

不规则类型	定义和参考指标
扭转不规则	在具有偶然偏心的规定水平力作用下,楼层两端抗侧力构件弹性水平位移(或层间位移)的最大值与平均值的比值大于1.2
凹凸不规则	平面凹进的尺寸大于相应投影方向总尺寸的30%
楼板局部不连续	楼板的尺寸和平面刚度急剧变化,例如,有效楼板宽度小于该层楼板典型宽度的50%,或开洞面积大于该层楼面面积的30%,或较大的楼层错层

图2-1平面凸出的尺寸大于总尺寸的30%,只是平面不规则的一种类型。

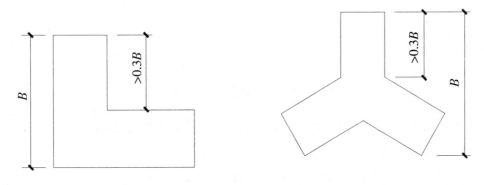

图2-1　平面不规则的各种形式

9. 判断建筑形体及构件布置的竖向不规则时,认为只有一种竖向不规则类型是错误的

《建筑抗震设计规范》(GB 50011)第3.4.3条规定,混凝土房屋、钢结构房屋和钢-混凝土混合结构房屋存在表2-2所列举的某项竖向不规则类型以及类似的不规则类型,应属于竖向不规则的建筑。

表 2-2　竖向不规则的主要类型

不规则类型	定义和参考指标
侧向刚度不规则	该层的侧向刚度小于相邻上一层的 70%,或小于其上相邻三个楼层侧向刚度平均值的 80%,除顶层或出屋面小建筑外,局部收进的水平向尺寸大于相邻下一层的 25%
竖向抗侧力构件不连续	竖向抗侧力构件(柱、剪力墙、抗震支撑)的内力由水平转换构件(梁、桁架等)向下传递
楼层承载力突变	抗侧力结构的层间受剪承载力小于相邻上一楼层的 80%

图 2-2 竖向抗侧力构件不连续只是竖向不规则的一种类型。

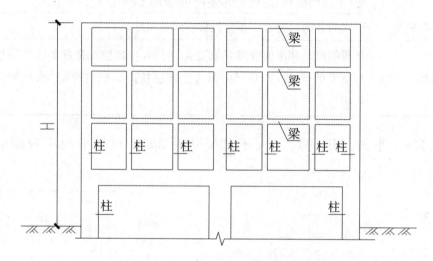

图 2-2　竖向抗侧力构件不连续

10. 某幼儿园所在地场地类别为Ⅱ类,抗震设防烈度为 6 度,结构设计时,没有提高抗震措施

《建筑工程抗震设防分类标准》(GB 50223—2019)第 3.0.3 条规定,重点设防类(乙类)建筑,6～8 度应按比本地区设防烈度提高 1 度的要求加强其抗震措施,9 度时应按比 9 度更高的要求采取抗震措施;地基基础的抗震措施,应符合有关规定。同时,应按本地区设防烈度确定其抗震作用。

幼儿园为乙类建筑,应按提高 1 度的要求加强其抗震措施。

11. 某中学学生 6 层宿舍楼,总高度 25.2 m,框架结构,所在地为 7 度抗震设防,按单跨框架设计是错误的

单跨框架由两根柱一根梁组成结构承重类型,是静定结构,整体结构没有赘余的空间体系,在地震作用下,尤其超设防烈度的大震情况下,容易导致梁柱节点、柱的破坏,一个约束的破坏会导致结构整体的破坏。震害调查表明,单跨框架结构,尤其是层数较多的高层建筑,震害比较严重。

《建筑抗震设计规范》(GB 50011)第6.1.5条规定,框架结构和框架-抗震墙结构中,框架和抗震墙均应双向设置,甲、乙类建筑以及高度大于24 m的丙类建筑,不应采用单跨框架结构;高度不大于24 m的丙类建筑不宜采用单跨框架结构。

《高层建筑混凝土结构技术规程》(JGJ 3—2019)第6.1.2条规定,抗震设计的框架结构不应采用单跨框架。

《建筑工程抗震设防分类标准》(GB 50223—2019)第1.0.3条规定,中学学生宿舍楼为乙类建筑。

该中学学生宿舍楼高度大于24 m,为高层、乙类建筑,故不应采用单跨框架结构形式,见图2-3。

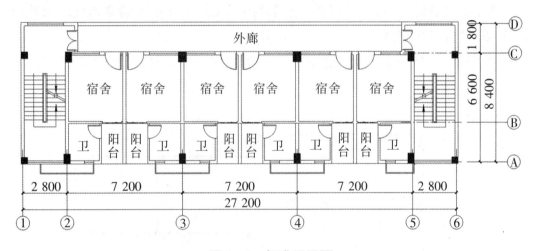

图2-3　标准层平面

12. 某框-剪结构,框架部分承受的地震倾覆力矩占结构总地震倾覆力矩的70%,错误地按框架结构进行设计

框架-剪力墙结构在规定的水平力作用下,结构底层框架部分承受的地震倾覆力矩与结构总地震倾覆力矩的比值不同,结构性能有较大的差别。《高层建筑混凝土结构技术规程》(JGJ 3—2019)第8.1.3条规定,抗震设计的框架-剪力墙结构,应根据在规定的水平力作用下结构底层框架部分承受的地震倾覆力矩与结构总地震倾覆力矩的比值,确定相应的设计方法,并应符合下列规定:

(1)框架部分承受的地震倾覆力矩不大于结构总地震倾覆力矩的10%时,

按剪力墙结构进行设计,其中的框架部分应按框架-剪力墙结构的框架进行设计。

(2)当框架部分承受的地震倾覆力矩大于结构总地震倾覆力矩的10%但不大于50%时,按框架-剪力墙结构进行设计。

(3)当框架部分承受的地震倾覆力矩大于结构总地震倾覆力矩的50%但不大于80%时,按框架-剪力墙结构进行设计,其最大适用高度可比框架结构适当增加,框架部分的抗震等级和轴压比限值宜按框架结构的规定采用。

(4)当框架部分承受的地震倾覆力矩大于结构总地震倾覆力矩的80%时,按框架-剪力墙结构进行设计,但其最大适用高度宜按框架结构采用,框架部分的抗震等级和轴压比限值应按框架结构的规定采用。当结构的层间位移角不满足框架-剪力墙结构的规定时,可按《高层建筑混凝土结构技术规程》(JGJ 3—2019)第3.11节的有关规定进行结构抗震性能分析和论证。

13. 某错层建筑,结构建模时,错误地把不在同一标高有错层的楼层归并为一个楼层进行整体分析

见图2-4,错层高度大于层高的1/3和楼层梁高,不能简单地把错层归并

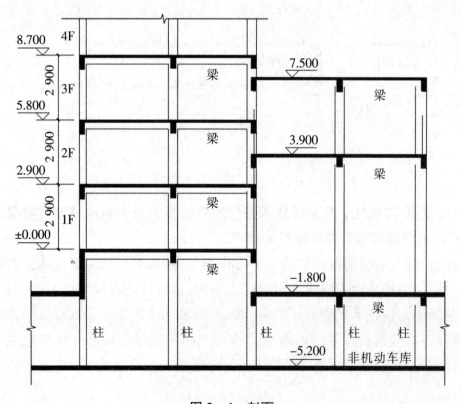

图2-4 剖面

为同一楼层进行计算。错层结构应按各自楼层分别输入进行结构的整体计算。

错层结构属于平面不规则结构,错层部位的竖向抗侧力构件受力复杂,容易形成多处应力集中部位。框架错层更为不利,容易形成长、短柱沿竖向交替出现的不规则体系。因此,《高层建筑混凝土结构技术规程》(JGJ 3—2019)第10.4.4条规定,抗震设计时错层处柱的抗震等级应提高一级采用(特一级时允许不再提高),截面高度不应过小,箍筋应全柱段加密配置,以提高其抗震承载力和延性。

《建筑抗震设计规范》(GB 50011)第3.4.5条规定,体形复杂、平立面不规则的建筑,应根据不规则程度、地基基础条件和技术经济等因素,采用符合实际的计算模型,分析判明其应力集中、变形集中或地震扭转效应等导致的易损部位,采取相应的加强措施。

14. 选择建筑场地时,没有根据工程需要和地震资料综合评价

地震造成建筑的破坏,除地震动直接引起结构破坏外,还有场地条件的原因,诸如:地震引起的地表错动与地裂,地基土的不均匀沉陷、滑坡和粉、沙土液化等。因此,选择有利于抗震的建筑场地,是减轻场地引起的地震灾害的第一道工序。抗震设防区的建筑工程宜选择有利的地段,应避开不利的地段并且不在危险的地段建设。场地地段的划分,要根据地震活动情况和工程地质资料进行综合评价。

《建筑抗震设计规范》(GB 50011)第3.3.1条规定,选择建筑场地时,应根据工程需要和地震活动情况、工程地质和地震地质的有关资料,对抗震有利、一般、不利和危险地段做出综合评价。对不利地段,应提出避开要求;当无法避开时应采取有效的措施。对危险地段,严禁建造甲、乙类的建筑,不应建造丙类的建筑。

15. 某框-剪结构,为满足建筑功能的要求,错误地只在一个方向设置剪力墙,见图2-5

框架-剪力墙结构是框架和剪力墙共同承担竖向和水平作用的结构体系,布置适量的剪力墙是其基本特点。为了发挥框架-剪力墙结构的优势,抗震设计均应设计成双向抗侧力体系,且结构在两个主轴方向的刚度和承载力不宜相差过大;抗震设计时,框架-剪力墙结构在结构两个主轴方向均应布置剪力墙,以体现多道防线的要求。

《高层建筑混凝土结构技术规程》(JGJ 3—2019)第8.1.5条规定,框架-剪力墙结构应设计成双向抗侧力体系;抗震设计时,结构两主轴方向均应布置剪

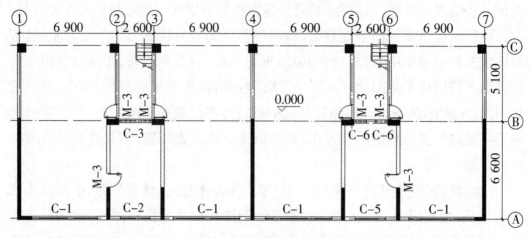

图 2-5 标准层平面

力墙。

16. 抗震设防烈度 6 度,某 4 层底部框架-抗震墙砌体房屋,同一方向错误地既设普通砌体抗震墙,又设钢筋混凝土抗震墙

《建筑抗震设计规范》(GB 50011)第 7.1.8 条第 2 款规定,房屋的底部,应沿纵横两方向设置一定数量的抗震墙,并应均匀对称布置。6 度且总层数不超过 4 层的底层框架-抗震墙砌体房屋,应允许采用嵌砌于框架之间的约束普通砖砌体或小砌块砌体的砌体抗震墙,但应计入砌体墙对框架的附加轴力和附加剪力并进行底层的抗震验算,且同一方向不应同时采用钢筋混凝土抗震墙和约束砌体抗震墙;其余情况,8 度时应采用钢筋混凝土抗震墙,6 度、7 度时应采用钢筋混凝土抗震墙或配筋小砌块砌体抗震墙。见图 2-6。

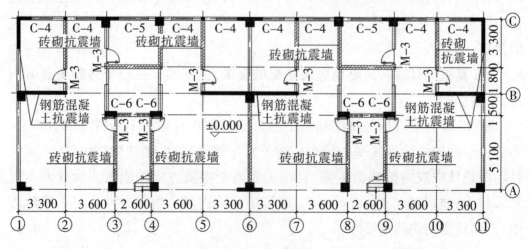

图 2-6 一层平面

17. 框架结构抗震设计计算时,角柱没有单独定义

地震时框架结构的角柱处于复杂的受力状态,其弯矩和剪力设计值的增大系数,比其他柱略有增加,以提高抗震能力。

《建筑抗震设计规范》(GB 50011)第 6.2.6 条要求,一、二、三、四级框架的角柱,经本规范第 6.2.2 条、第 6.2.3 条、第 6.2.5 条、第 6.2.10 条调整后的组合弯矩设计值、剪力设计值尚应乘以不小于 1.10 的增大系数。

若计算时不定义为角柱,程序默认为不是角柱,不会乘以增大系数,会产生一定的安全隐患。

18. 结构建模计算时,将所有次梁端支座均错误地定义为铰支座

在结构实际受力体系中,次梁与主梁整浇,主梁对次梁端部扭转约束为半刚性约束,对竖向位移的约束为考虑主梁挠度的弹性支座。该支座与手算时简化的不动铰支座不同。次梁承受竖向荷载时,次梁端支座存在负弯矩,相当于次梁给主梁施加一个扭矩。次梁端支座定义为铰支座时,无法考虑主梁所受扭矩作用,可能造成主梁抗扭承载力不足。因此,不应把所有次梁端支座均定义为铰支座。

19. 剪力墙结构抗震设计时,短肢剪力墙的抗震等级提高一级是错误的

短肢剪力墙的承载能力和抗侧力刚度相对较小,构件延性差,为了克服这种受力状况,《高层建筑混凝土结构技术规程》(JGJ 3—2019)第 7.2.2 条对短肢墙形状、厚度、轴压比、纵向钢筋的配筋率和边缘构件等做了严格的规定,短肢剪力墙的抗震等级不再提高。

20. 单层钢筋混凝土柱厂房,同一单元内错误地采用横墙和排架混合承重结构形式

不同形式的结构,材料强度不同、侧移刚度不同、振动特性不同。在地震作用下,往往由于荷载、位移、强度的不均衡而造成结构破坏。

《建筑抗震设计规范》(GB 50011)第 9.1.1 条第 7 款规定:厂房的同一结构单元内,不应采用不同的结构形式;厂房端部应设屋架,不应采用山墙承重;厂房单元内不应采用横墙和排架混合承重。

21. 抗震设计时,多塔楼结构仅按分塔楼模型进行计算分析

多塔楼结构振动形态复杂,整体模型计算有时不容易判断结果的合理性,辅以分塔楼模型计算分析,取二者的不利结果进行设计较为妥当。

《高层建筑混凝土结构技术规程》(JGJ 3—2019)第 5.1.14 条规定,对多塔楼结构,宜按整体模型和各塔楼分开的模型分别计算,并采用较不利的结果进行结构设计。当塔楼周边的裙楼超过两跨时,分塔楼模型至少宜附带两跨的裙楼结构。

22. 高层建筑风荷载作用时,错误地认为连梁刚度需折减

《高层建筑混凝土结构技术规程》(JGJ 3—2019)第 5.2.1 条规定,高层建筑结构地震作用效应计算时,可对剪力墙连梁刚度予以折减,折减系数不宜小于 0.5。明确了仅在计算地震作用效应时可以对连梁刚度进行折减,对如重力荷载、风荷载作用效应计算不宜考虑连梁刚度折减。有地震作用效应组合工况,均可按考虑连梁刚度折减后计算的地震作用效应参与组合。

抗震设计的框架-剪力墙或剪力墙结构中的连梁刚度相对墙体较小,而承受的弯矩和剪力很大,配筋设计困难,可考虑在不影响承受竖向荷载能力的前提下,允许其适当开裂(降低刚度)而把内力转移到墙体上。通常,设防烈度低时可少折减一些(6 度、7 度时可取 0.7),设防烈度高时可多折减一些(8 度、9 度时可取 0.5)。折减系数不宜小于 0.5,以保证连梁承受竖向荷载的能力。

对框架-剪力墙结构中一端与柱连接、一端与墙连接的梁以及剪力墙结构中的某些连梁,如果跨高比较大(比如大于 5)、重力作用效应比水平风或水平地震作用效应更为明显,此时应慎重考虑梁刚度的折减问题,必要时可不进行梁刚度折减,以控制正常使用阶段梁裂缝的发生和发展。

23. 抗震框架结构中,楼梯构件与主体结构整浇时,没有考虑楼梯对主体结构的不利影响

发生强烈地震时,楼梯间是重要的紧急逃生竖向通道,楼梯间(包括楼梯板)的破坏会延误人员撤离及救援工作,从而造成严重伤亡。对于框架结构,楼梯构件与主体结构整浇时,梯板起到斜支撑的作用,对结构刚度、承载力、规则性的影响比较大,应参与抗震计算;当采取措施,如梯板滑动支承于平台板,楼梯构件对结构刚度等的影响较小,是否参与整体抗震计算差别不大。对于楼梯间设置刚度足够大的抗震墙的结构,楼梯构件对结构刚度的影响较小,也可不参与整体抗震计算。

《建筑抗震设计规范》(GB 50011)第 6.1.15 条规定,对于框架结构,楼梯间的布置不应导致结构平面特别不规则;楼梯构件与主体结构整浇时,应计入楼梯构件对地震作用及其效应的影响,应进行楼梯构件的抗震承载力验算;宜采取构造措施,减少楼梯构件对主体结构刚度的影响。

24. 地震作用计算时,楼层最小剪重比不满足规范要求时,地震剪力没有调整

出于结构安全的考虑,提出了对结构总水平地震剪力及各楼层水平地震剪力最小值的要求,规定了不同烈度下的剪力系数。当不满足时,需改变结构布置或调整结构总剪力和各楼层的水平地震剪力使之满足要求。

《建筑抗震设计规范》(GB 50011)第5.2.5条规定,抗震验算时,结构任一楼层的水平地震剪力应符合下式要求:

$$VEki > \lambda \sum_{J=i}^{n} Gj$$

式中:$VEki$——第i层对应于水平地震作用标准值的楼层剪力;

    λ——剪力系数,不应小于表2-3规定的楼层最小地震剪力系数值,对于竖向不规则结构的薄弱层,尚应乘以1.15的增大系数;

    G——第j层的重力荷载代表值。

表2-3 楼层最小地震剪力系数值

类 别	6度	7度	8度	9度
扭转效应明显或基本周期小于3.5 s的结构	0.008	0.016(0.024)	0.032(0.048)	0.064
基本周期大于5.0 s的结构	0.006	0.012(0.018)	0.024(0.036)	0.048

注:1. 基本周期介于3.5 s和5.0 s之间的结构,按插入法取值;

    2. 括号内数值分别用于设计基本地震加速度为0.15 g和0.30 g的地区。

剪重比不满足规范要求时应调整,调整的方法:

当较多楼层不满足或底部楼层差得太多时,如果振型分解反应谱法计算结果中有超过15%楼层的剪力系数不满足最小剪力系数要求,或底部楼层剪力系数小于最小剪力系数的85%,说明结构整体刚度偏弱(或结构太重),应调整结构布置,增强结构刚度(或减小结构重量),而不能简单采用放大楼层剪力系数的办法。

剪重比控制的注意事项:

(1)当底部总剪力相差较多时,结构的选型和总体布置需重新调整,不能仅采用乘以增大系数方法处理。

(2)只要底部总剪力不满足要求,则以上各楼层的剪力均需要调整,不能仅调整不满足的楼层。

(3)满足最小地震剪力是结构后续抗震计算的前提,只有调整到符合最小剪力要求,才能计算地震倾覆力矩和进行相应的位移、构件内力等的计算分析。

（4）最小剪重比的规定不考虑阻尼比的不同，是最低要求，适用于各类结构，包括钢结构、隔震和消能减震结构等。

25. 抗震设计时，有较多填充墙（与主体结构刚性连接）的框架结构，没有进行周期折减

《建筑抗震设计规范》（GB 50011）第3.7.4条规定，框架结构的围护墙和隔墙，应估计其设置对结构抗震的不利影响，避免不合理设置而导致主体结构的破坏。

周期折减系数主要用于框架、框-剪或剪力墙结构。由于结构有填充墙，在早期弹性阶段会有很大的刚度，因此会吸收较大的地震力。当地震力进一步加大时，填充墙首先被破坏，则又回到计算的状态。而在软件计算中，只计算了梁、柱、墙和板的刚度，并由此刚度求得结构自振周期，因此结构实际刚度大于计算刚度，实际周期比计算周期小。若以计算周期按反应谱方法计算地震作用，则地震作用会偏小，使结构偏于不安全，因而对地震作用再放大些是有必要的。周期折减系数不改变结构的自振特性，只改变地震影响系数。周期折减系数的取值视结构类型和填充墙的多少而定。

《高层建筑混凝土结构技术规程》（JGJ 3—2019）第4.3.17条规定，框架结构可取0.6～0.7，框-剪结构可取0.7～0.8；框架-核心筒结构可取0.8～0.9；剪力墙结构可取0.8～1.0。对于其他结构体系或采用其他非承重墙体时，可根据工程情况确定周期折减系数。

26. 对质量与刚度分布明显不对称的结构，地震作用计算时，没有计入水平地震作用下的扭转影响

《建筑抗震设计规范》（GB 50011）第5.1.1条第3款规定，质量和刚度分布明显不对称的结构，应计入双向水平地震作用下的扭转影响；其他情况，应允许采用调整地震作用效应的方法计入扭转影响。

《高层建筑混凝土结构技术规程》（JGJ 3—2019）第4.3.2条第2款规定，质量与刚度分布明显不对称的结构，应计算双向水平地震作用下的扭转影响；其他情况，应计算单向水平地震作用下的扭转影响。

27. 抗震设防烈度7～9度时，楼层屈服强度系数小于0.5的框架结构（12层以下），没有进行罕遇地震作用下的薄弱层弹塑性变形验算

震害经验表明，如果建筑结构中存在薄弱层或薄弱部位，在强烈地震作用下，由于结构薄弱部位产生了弹塑性变形，结构构件严重破坏甚至引起结构倒塌；属于乙类建筑的生命线工程中的关键部位在强烈地震作用下，一旦遭受破

坏将带来严重后果,或产生次生灾害或对救灾、恢复重建及生产、生活造成很大影响。

《建筑抗震设计规范》(GB 50011)第 5.5.2 条第 2 款规定:7～9 度时楼层屈服强度系数小于 0.5 的钢筋混凝土框架结构和框排架结构,应进行罕遇地震作用下的薄弱层弹塑性变形验算。

28. 地震作用效应组合时,系数调整次序错误

在《建筑抗震设计规范》(GB 50011)和其他相关技术规程中,属于抗震概念设计的地震作用效应调整的内容较多。有的是在地震作用效应组合之前进行的,有的是在组合之后进行的,实施时需加以注意。

(1)组合之前进行的调整有:

1)《建筑抗震设计规范》(GB 50011)第 3.4.4 条,刚度突变的软弱层地震剪力调整系数(不小于 1.15)和水平转换构件的地震内力调整系数(1.25～2.0);

2)《建筑抗震设计规范》(GB 50011)第 3.10.3 条,近发震断裂侧,地震动参数增大系数(1.25～1.5);

3)《建筑抗震设计规范》(GB 50011)第 4.1.8 条,不利地段,水平地震影响效应增大系数(1.1～1.6);

4)《高层建筑混凝土结构技术规程》(JGJ 3—2019)第 4.3.16 条和第 4.3.17 条的周期折减系数;

5)《建筑抗震设计规范》(GB 50011)第 5.2.3 条不进行扭转耦连计算时,边榀构件地震作用效应增大系数;

6)《建筑抗震设计规范》(GB 50011)第 5.2.4 条,底部剪力法考虑鞭梢效应的屋顶间等地震作用增大系数;

7)《建筑抗震设计规范》(GB 50011)第 5.2.5 条和《高层建筑混凝土结构技术规程》(JGJ 3—2019)第 4.3.12 条,不满足最小剪重比规定时的楼层剪力调整;

8)《建筑抗震设计规范》(GB 50011)第 5.2.6 条,考虑空间作用、楼盖变形等对抗侧力的地震剪力的调整;

9)《建筑抗震设计规范》(GB 50011)第 5.2.7 条,考虑地基与结构动力相互作用楼层水平地震剪力折减系数;

10)《建筑抗震设计规范》(GB 50011)第 6.2.10 条框支柱内力调整;

11)《建筑抗震设计规范》(GB 50011)第 6.2.13 条框架-抗震墙结构二道防线的剪力(0.2Q_0)调整和少墙框架结构框架部分地震剪力调整;

12)《建筑抗震设计规范》(GB 50011)第6.6.3条板柱-抗震墙结构地震作用分配调整;

13)《建筑抗震设计规范》(GB 50011)第6.7.1条框架-核心筒结构外框地震剪力调整;

14)《建筑抗震设计规范》(GB 50011)第8.2.3条第3款钢框架-支撑结构二道防线的剪力($0.25Q_0$)调整;

15)《建筑抗震设计规范》(GB 50011)第8.2.3条第7款钢结构转换构件下的钢框架柱地震内力增大系数(1.5);

16)《建筑抗震设计规范》(GB 50011)第9.1.9条、第9.1.10条突出屋面天窗架的地震作用效应增大系数;

17)《建筑抗震设计规范》(GB 50011)第G.1.4条第3款钢支撑-混凝土框架结构框架部分地震剪力调整;

18)《建筑抗震设计规范》(GB 50011)第G.2.4条第2款钢框架-钢筋混凝土核心筒结构框架部分地震剪力($0.20Q_0$)调整,《建筑抗震设计规范》(GB 50011)附录J的排架柱地震剪力和弯矩调整。

(2)组合之后进行的调整有:

1)《建筑抗震设计规范》(GB 50011)第6.2.2条关于强柱弱梁的柱端弯矩增大系数;

2)《建筑抗震设计规范》(GB 50011)第6.2.3条框架结构的底层,柱下端弯矩增大系数;

3)《建筑抗震设计规范》(GB 50011)第6.2.4条、第6.2.5条、第6.2.8条关于强剪弱弯的剪力增大系数;

4)《建筑抗震设计规范》(GB 50011)第6.2.6条框架角柱内力调整系数(不小于1.10);

5)《建筑抗震设计规范》(GB 50011)第6.2.7条抗震墙墙肢内力调整;

6)《建筑抗震设计规范》(GB 50011)第6.6.3条第3款板柱节点冲切反力增大系数;

7)《建筑抗震设计规范》(GB 50011)第7.2.4条底部框架-抗震墙砌体房屋底层地震剪力调整系数(1.2~1.5);

8)《建筑抗震设计规范》(GB 50011)第8.2.3条第5款偏心支撑框架中,与消能梁段连接构件的内力增大系数。

29. 结构设计时,振型数的选取不当,有效质量系数小于0.9,不满足规范要求

一般而言,振型数的多少与结构层数及结构形式有关。层数较多或层刚度突变较大时,振型数应取得多些,如顶部有小塔楼、转换层等结构形式。该值取值太小,使计算结果失真;取值太大,不仅浪费时间,还可能使计算结果发生畸变。抗震计算时,如考虑扭转耦联计算,振型数最好不小于9,且计算振型数应使振型参与质量不小于总质量的90%。振型数是否取值合理,可看软件计算书中的 x,y 向的有效质量系数是否大于0.9。具体操作是:首先根据工程实际情况及设计经验预设一个振型数,计算后考查有效质量系数是否大于0.9,若小于0.9,可逐步加大振型个数,直到 x,y 两个方向的有效质量系数都大于0.9为止。必须指出的是,结构的振型数并不是越大越好,其最大值不能超过结构的总自由度数。例如对采用刚性板假定的单塔结构,考虑扭转耦联作用时,其振型不得超过结构层数的3倍。如果选取的振型数已经增加到结构层数的3倍,其有效质量系数仍不能满足要求,也不能再增加振型数,而应认真分析原因,考虑结构方案是否合理。

30. 对于长周期(T 大于3.5 s)结构,楼层水平地震力最小值的理解不正确

由于长周期地震作用下,地震影响系数下降较快,对于基本周期大于3.5 s的结构,由此计算出来的水平地震作用下的结构效应可能太小。对于长周期结构,地震动态作用下的地面速度和位移可能对结构具有更大的破坏作用,采用振型分解法时无法对此做出准确的计算。出于安全考虑,规范规定了各楼层水平地震力的最小值,该值如不满足要求,则说明结构可能出现比较明显的薄弱部位,必须进行调整。

需要注意:①当底部总剪力相差较多时,结构的选型和总体布置需重新调整,不能仅采用乘以增大系数方法处理。②只要底部总剪力不满足要求,则结构各楼层的剪力均需要调整,不能仅调整不满足的楼层。③满足最小地震剪力是结构后续抗震计算的前提,只有调整到符合最小剪力要求,才能进行相应的地震倾覆力矩、构件内力、位移等的计算分析;即意味着,当各层的地震剪力需要调整时,原先计算的倾覆力矩、内力和位移均需要相应调整。④采用时程分析法时,其计算的总剪力也需符合最小地震剪力的要求。⑤本条规定不考虑阻尼比的不同,是最低要求,各类结构,包括钢结构、隔震和消能减震结构均需遵守。

31. 输入总信息时,结构基本周期数值取值错误

结构基本周期是计算风振影响的重要指标。若输入数值不正确,会导致

风振影响值计算不准确,进而造成风荷载计算不正确。

设计人员如果不能事先知道其准确值,可以保留软件的缺省值,待计算后从计算书中读取计算得到的结构第一周期数值,填入软件的"结构基本周期"选项,再对结构重新进行计算,以使结构的计算结果更为准确。

32. 某多层钢筋混凝土结构整体计算时,楼层的弹性水平位移比大于1.2,没有计入双向水平地震作用下的扭转影响

《建筑抗震设计规范》(GB 50011)第3.4.2条规定,当楼层的弹性水平位移比大于1.2时,结构属于平面扭转不规则,又根据《建筑抗震设计规范》(GB 50011)第5.1.1条,质量和刚度分布明显不对称(扭转明显不规则)的结构,应计入双向水平地震作用下的扭转影响。当不考虑偶然偏心时,楼层的弹性水平位移比大于1.2时,宜计入双向水平地震作用下的扭转影响。

33. 有斜交抗侧力构件的结构,当相交角度大于15°时,没有分别计算各抗侧力构件方向的水平地震作用

地震可能来自任意方向,有斜交抗侧力构件的结构,应考虑对各构件的最不利方向的水平地震作用,一般即与该构件平行的方向。

《建筑抗震设计规范》(GB 50011)第5.1.1条第2款规定,有斜交抗侧力构件的结构,当相交角度大于15°时,应分别计算各抗侧力构件方向的水平地震作用。

《高层建筑混凝土结构技术规程》(JGJ 3—2019)第4.3.2条第1款规定,一般情况下,应至少在结构两个主轴方向分别计算水平地震作用;有斜交抗侧力构件的结构,当相交角度大于15°时,应分别计算各抗侧力构件方向的水平地震作用。

34. 某高层建筑,剪力墙结构,弹性计算分析时,刚重比大于1.4,小于2.7,没有考虑重力二阶效应

当高层建筑结构不满足《高层建筑混凝土结构技术规程》(JGJ 3—2019)第5.4.1条的规定时,结构弹性计算时应考虑重力二阶效应对水平力作用下结构内力和位移的不利影响。

重力二阶效应一般称为 $P-\Delta$ 效应,在建筑结构分析中指的是竖向荷载的侧移效应。当结构发生水平位移时,竖向荷载就会出现垂直于变形后的竖向轴线分量,这个分量将增大水平位移量,同时也会增大相应的内力,这在本质上是一种几何非线性效应。设计者可根据需要选择考虑或不考虑 $P-\Delta$ 效应。注意:①这里考虑的是针对结构原始刚度计算的 $P-\Delta$ 效应,与《混凝土结构设计规范》(GB 50010—2019)第 6.2.4 条考虑刚度折减的要求是完全不同的。②只有高层钢结构和不满足《高层建筑混凝土结构技术规程》(JGJ 3—2019)5.4.1 条的高层混凝土结构才需要考虑 P-Δ 效应对水平力作用下结构内力和位移的不利影响。

35. 超过 60 m 的高层建筑,承载力设计时基本风压没有调整

《高层建筑混凝土结构技术规程》(JGJ 3—2019)第 4.2.2 条规定,基本风压应按照现行国家标准《建筑结构荷载规范》(GB 50009—2019)的规定采用。对风荷载比较敏感的高层建筑,承载力设计时应按基本风压的 1.1 倍采用。

对风荷载是否敏感,主要与高层建筑的体形、结构体系和自振特性有关,目前尚无实用的划分标准。一般情况下,对于房屋高度大于 60 m 的高层建筑,承载力设计时风荷载计算可按基本风压的 1.1 倍采用。

36. 二次装修的非固定隔墙,荷载计入不足

《建筑结构荷载规范》(GB 50009—2019)表 5.1.1 注 6,非固定隔墙的自重应取不小于 1/3 的每延米长墙重(kN/m)作为楼面活荷载的附加值(kN/m²)计入,且附加值不应小于 1.0 kN/m²。

37. 某高层建筑结构扭转为主的第一自振周期 Tt 与平动为主的第一自振周期 $T1$ 之比为 0.95,不满足规范要求

《高层建筑混凝土结构技术规程》(JGJ 3—2019)第 3.4.5 条规定,结构扭转为主的第一自振周期 Tt 与平动为主的第一自振周期 $T1$ 之比,A 级高度高层建筑不应大于 0.9,B 级高度高层建筑、超过 A 级高度的混合结构及本规程第 10 章所指的复杂高层建筑不应大于 0.85。

国内外历次大地震震害表明,平面不规则、质量与刚度偏心和抗扭刚度太弱的结构,在地震中遭受到严重的破坏。国内一些振动台模型试验结果也表明,过大的扭转效应会导致结构的严重破坏。

限制结构的抗扭刚度不能太弱,关键是限制结构扭转为主的第一自振周期 Tt 与平动为主的第一自振周期 $T1$ 之比。当两者接近时,由于振动耦联的影响,结构的扭转效应明显增大。若周期比 $Tt/T1$ 小于 0.5,则相对扭转振动效应 $\theta r/u$ 一般较小(θ、r 分别为扭转角和结构的回转半径,θr 表示由于扭转产生的离质心距离为回转半径处的位移,u 为质心位移),即使结构的刚度偏心很大,偏心距 e 达到 $0.7r$,其相对扭转变形 $\theta r/u$ 值亦仅为 0.2。而当周期比 $Tt/T1$ 大于 0.85 以后,相对扭振效应 $\theta r/u$ 值急剧增加。即使刚度偏心很小,偏心距 e 仅为 $0.1r$,当周期比 $Tt/T1$ 等于 0.85 时,相对扭转变形 $\theta r/u$ 值可达

0.25;当周期比 $Tt/T1$ 接近 1 时,相对扭转变形 $\theta r/u$ 值可达 0.5。由此可见,抗震设计中应采取措施减小周期比 $Tt/T1$ 值,使结构具有必要的抗扭刚度。如周期比 $Tt/T1$ 不满足本条规定的上限值时,应调整抗侧力结构的布置,增大结构的抗扭刚度。

38. 高低屋面处的低层屋面、室内地下室顶板设计时,没有考虑施工时堆放材料或临时施工荷载

《全国民用建筑工程设计技术措施》附录 F 中 F1.4.6 条规定,室内地下室顶板须考虑施工时堆放材料或临时施工荷载,该荷载应不小于 4 kN/m²,并在施工图上注明,该荷载宜控制在 5 kN/m² 以内。混凝土高低屋面处的低屋面同样应考虑临时施工活荷载。

39. 某十二层住宅建筑,底部三层为商业用房,计算柱、墙和基础时,采用的活荷载折减系数错误

柱、墙、基础设计时,楼面活荷载是否按层数折减,应根据建筑实际使用功能按规范要求确定。

计算柱、墙和基础时,采用的活荷载折减系数应符合《建筑结构荷载规范》(GB 50009—2019)第 5.1.2 条规定。当建筑的使用功能不属于建筑结构荷载规范表 5.1.1 中第 1(1)项时,活荷载应按 5.1.2 条内的相应规定进行折减。计算中要注意,程序内定的活荷载折减系数为建筑结构荷载规范表 5.1.2 数值,如折减系数不同时,需调整折减系数。

本工程当计算的住宅建筑含有三层底部商业用房时,则底部商业的活荷载折减系数均应取 0.9 或不折减。

40. 设计楼面梁时,活荷载折减系数错误

楼面梁设计时,楼面活荷载如何按面积折减,应根据建筑实际使用功能,按《建筑结构荷载规范》(GB 50009—2019)第 5.1.2 条第 1 款要求确定,同时应注意只限于楼面活荷载。

实际工程结构设计时,经常选用楼面活荷载折减,没有按规定面积折减,特别是楼面活荷载比较大的钢筋混凝土厂房、影院等,会造成楼面梁设计不合理,甚至导致梁存在安全隐患。

41. 楼梯间荷载输入错误

在楼梯间荷载输入时,经常看到设计人员把楼梯间定义为零厚板,将折算恒荷载与活荷载按均布面荷载输入。这种做法在楼梯梯段板均支撑于平台梁的两跑楼梯的情况下,荷载传递与实际情况接近。但是对于其他情况,例如,三

跑楼梯、梯段板支撑于楼层梁、半层平台与主体脱开等,荷载传递与实际情况差距很大。造成楼梯间周边梁荷载缺失,进而配筋不足。

当结构建模未按实际情况布置楼梯构件时,应按梯梁、平台、梯段与周边梁的关系,分别将折算集中力和折算线荷载布置在周边梁上。如软件支持,应在结构建模时按实际情况布置楼梯构件,考虑楼梯构件对主体结构地震作用及效应的影响。

42. 高耸孤立的山丘抗震不利地段水平地震影响系数最大值没有乘以增大系数

《建筑抗震设计规范》(GB 50011)第4.1.8条规定,当需要在条状突出的山嘴、高耸孤立的山丘、非岩石和强风化岩石的陡坡、河岸和边坡边缘等不利地段建造丙类及丙类以上建筑时,除保证其在地震作用下的稳定性外,尚应估计不利地段对设计地震动参数可能产生的放大作用,其水平地震影响系数最大值应乘以增大系数。其值应根据不利地段的具体情况确定,在1.1~1.6范围内采用。

43. 对体形复杂的建筑,错误地认为必须设多道抗震缝并划分为多个结构单元

设置防震缝,可以将结构分割为较规则的结构单元,可使结构抗震分析模型较为简单,有利于减少房屋的扭转并改善结构的抗震性能,容易估计其地震作用和采取抗震措施。但各单元需考虑扭转地震效应,并按规范规定确定单元之间的缝宽,使防震缝两侧在预期的地震(如中震)下不发生碰撞或减轻碰撞引起的局部损坏。缝影响建筑造型及使用功能,且基础及上部结构造价有所增加。

不设置防震缝,结构分析模型相对复杂,连接处局部会产生应力集中,需采取加强措施,而且需仔细核算地震扭转效应等可能导致的不利影响。

一般而言,可设缝、可不设缝时,不设缝。

第三章　地基与基础

1. 设计文件中没有明确±0.000相应绝对标高

这种情况多数出现在城市规划区以外建设的中小型项目的设计中,建设单位没有提供带绝对标高的地形测绘图。勘察报告中的标高系统为假定相对高程。设计人员忽视场地标高的重要性,基础设计时没有核准其与绝对标高之间的关系,仅简单说明±0.000现场定,或者直接采用假定高程。由于室外地坪标高与场地自然标高存在差异,建筑与结构设计文件中,不明确±0.000相应绝对标高取值,造成建筑标高与场地标高关系不明,基底标高与土层标高关系不确定,地基承载力特征值修正用埋深取值错误、基底土层与实际土层不一致、基础结构形式不合理等不利情况,容易造成安全隐患。

建筑与结构设计时,应要求建设单位提供带绝对标高的地形测绘图,根据地形图及建筑物与场地周边标高关系,确定建筑物±0.000相应绝对标高,作为建筑场地竖向设计及基础选型与设计依据。见图3-1。

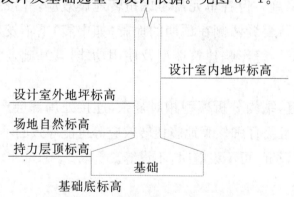

图3-1　带绝对标高的地形测绘图

2. 某6层框架,位于复杂地质条件下的台地坡顶,地基基础设计等级划分为丙级是错误的

在地基基础设计时,设计人员一般按建筑物层数确定地基基础设计等级。但对于体形复杂、层数相差超过10层的高低层连成一体建筑物,复杂地质条件下的坡上建筑物,对原有工程影响较大的新建建筑物,场地和地基条件复杂的一般建筑物等情况重视不足,导致建筑物地基基础设计等级划分错误,结构设计时没有进行地基变形计算。

《建筑地基基础设计规范》(GB 50007)第3.0.1条规定:地基基础设计应根据地基复杂程度、建筑物规模和功能特征,以及由于地基问题可能造成建筑物破坏或影响正常使用的程度分为三个设计等级,设计时应根据具体情况,按表3-1选用。

表3-1　地基基础设计等级

设计等级	建筑和地基类型
甲级	重要的工业与民用建筑物 30层以上的高层建筑 体形复杂、层数相差超过10层的高低层连成一体建筑物 大面积的多层地下建筑物(如地下车库、商场、运动场等) 对地基变形有特殊要求的建筑物 复杂地质条件下的坡上建筑物(包括高边坡) 对原有工程影响较大的新建建筑物 场地和地基条件复杂的一般建筑物 位于复杂地质条件及软土地区的二层及二层以上地下室的基坑工程 开挖深度大于15 m的基坑工程 周边环境条件复杂、环境保护要求高的基坑工程
乙级	除甲级、丙级以外的工业与民用建筑物 除甲级、丙级以外的基坑工程
丙级	场地和地基条件简单、荷载分布均匀的7层及7层以下民用建筑及一般工业建筑,次要的轻型建筑物 非软土地区且场地地质条件简单、基坑周边环境条件简单、环境保护要求不高且开挖深度小于5.0 m的基坑工程

建筑地基基础设计等级是按照地基基础设计的复杂性和技术难度确定的,划分时考虑了建筑物的性质、规模、高度和体形,对地基变形的要求,场地和地基条件的复杂程度,以及由于地基问题对建筑物的安全和正常使用可能造成影响的严重程度等因素。

3. 某建筑地基基础设计等级为丙级,毗邻原有建筑物,可能造成建筑物倾斜,基础设计时没有进行地基变形计算

当地基基础设计等级为甲级、乙级时,基础设计应按《建筑地基基础设计规范》(GB 50007)第3.0.2条要求,根据场地地质条件和建筑结构情况进行地基变形验算。

按《建筑地基基础设计规范》(GB 50007)的规定,表3.0.3所列范围内设计等级为丙级的建筑物可不做变形验算,表3.0.3所列范围外设计等级为丙级的建筑物需要做变形验算。同时根据《建筑地基基础设计规范》(GB 50007)第3.0.2.3条的规定,如有下列情况之一时,仍应做变形验算:

(1)地基承载力特征值小于130 kPa,且体形复杂的建筑;

(2)在基础上及其附近有地面堆载或相邻基础荷载差异较大,可能引起地基产生过大的不均匀沉降时;

(3)软弱地基上的建筑物存在偏心荷载时;

(4)相邻建筑距离过近,可能发生倾斜时;

(5)地基内有厚度较大或厚薄不均的填土,其自重固结未完成时。

在结构设计时,应考虑建筑物自身荷载情况和场地土层情况,正确确定地基基础设计等级,并按规范要求,进行地基变形计算。

4. 在存在软弱下卧层场地采用条形基础或独立基础时,下卧层验算没有考虑相邻基础影响

在下卧层验算中,当条形基础或独立基础间距较近时,基底应力扩散范围与相邻基础存在部分重叠情况,如仅按单独基础验算,可能出现下卧层承载力及变形验算结果满足要求,但实际存在安全隐患的情况。

当条形基础或独立基础间距较近时,除了应对单独基础进行下卧层验算外,还应考虑相邻基础基底应力扩散范围重叠的不利影响,对下卧层承载力及变形进行整体验算。见图3-2。

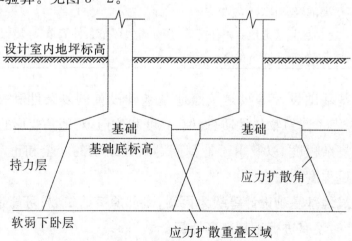

图3-2 下卧层验算应考虑相邻基础影响

5. 设计独立基础时,没有考虑现场实际标高情况,统一将地基承载力特征值修正用的埋深定为从设计室外地坪算起

多数建筑天然场地与填方整平地区填土地面(施工场地)及最终完成的室外地面存在一定的高差,基础设计时,将基础修正用埋深定为从设计室外地坪算起,取值偏大,高估了修正后地基承载力,存在结构安全隐患。

考虑覆土对基底土层承载力的有利影响,《建筑地基基础设计规范》(GB 50007)5.2.4 条要求:当基础宽度大于 3 m 或埋置深度大于 0.5 m 时,根据载荷试验或其他原位测试、经验值等方法确定的地基承载力特征值,尚应进行深度与宽度修正。基础修正用的埋深的正确取值,是确定修正后地基承载力的关键。在填方整平地区,可自填土地面(施工场地)标高算起;但填土在上部结构施工后完成时,应从天然地面算起。对于建筑场地存在天然坑塘的情况,不同的施工顺序,会对地基承载力与结构安全造成很大影响,设计文件应明确要求,在上部结构施工前,完成填方工作。否则,基础修正用的埋深应从坑塘底面算起。对于坡地上的建筑物,基础修正用的埋深应按四边最不利情况采用。见图 3-3、图 3-4。

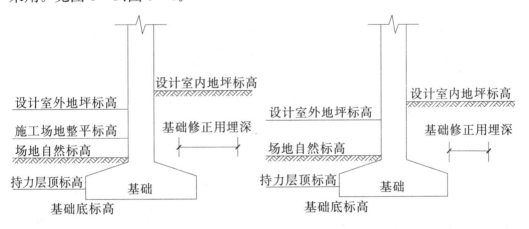

图 3-3　上部结构施工前,场地先行整平　　图 3-4　上部结构施工后,场地回填至设计室外地坪

6. 与地下车库相连的主楼基础设计时,将基础修正用埋深定为从设计室外地坪算起是错误的

设计带地下室的主楼基础时,基础修正用埋深因主楼地下室周围情况的不同有不同的确定方法:

(1)主楼地下室周围无地下室且主楼基础为筏板时,基础修正用埋深可自填土地面(施工场地)标高算起,见图 3-5;

(2)主楼基础为独立基础或条形基础时,基础修正用埋深自地下室地面标高算起,见图3-6;

(3)主楼筏板基础周围有地下室且地下室基础为独立基础时,基础修正用埋深自地下室地面标高算起,见图3-7;

(4)主楼筏板基础周围有地下室且地下室基础为筏板基础时,基础修正用埋深可定为按地下室筏板实际受力折算土层厚度,并与自填土地面(施工场地)标高算起的修正用埋深两者取较小值,见图3-8。

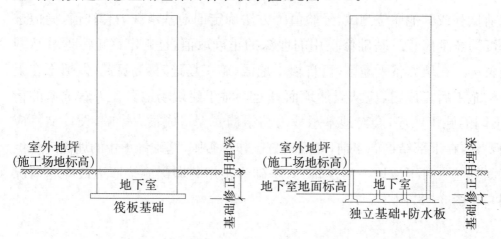

图3-5　自填土地面标高算起　　　　图3-6　自地下室地面标高算起

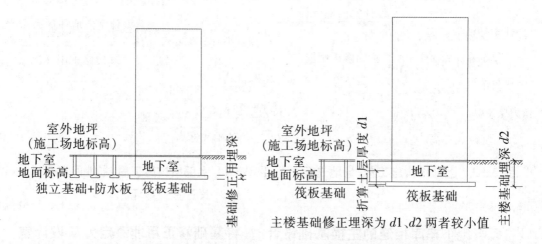

图3-7　地下室为独立基础时　　　　图3-8　埋深取最小值

《建筑地基基础设计规范》(GB 50007)第5.2.4条条文说明:目前建筑工程大量存在着主裙楼一体的结构,对于主体结构地基承载力的深度修正,宜将基础底面以上范围内的荷载,按基础两侧的超载考虑。当超载宽度大于基础宽度两倍时,可将超载折算成土层厚度作为埋深,基础两侧超载不等时,取小值。当高层建筑周边为超补偿基础时,宜分析和考虑周边附属建筑基底压力低于土层自重压力的影响,可按附属建筑基底压力折算基础埋深。

7. 填方区带防水底板的桩基础没有考虑地下水位降低时防水板传递的荷载

通常情况下,带防水底板的桩基础受力模型为:桩基础承担上部结构荷载,防水板承担水浮力,并传递给桩承台,防水板自重及板面荷载由防水板下地基土承担。但是,当防水板下土层为填方区回填土时,填方区防水底板下土体固结沉降后,防水板与板下土体脱空,地下水位降低时,防水板承担板自重与板面荷载,并传递给桩承台与基础。此时基础受力情况与通常情况不同。基础设计时应分有水和无水情况,分别计算桩基、承台、防水板的承载力。

8. 普通地下车库基础设计时计入消防车荷载是不妥当的

有些设计人员在做地下车库基础设计时,采用计入消防车荷载的荷载组合,导致柱脚轴力很大,基础设计存在较大浪费。依据《建筑结构荷载规范》(GB 50009—2019)第5.1.3条规定,设计基础时可不考虑消防车荷载。第5.1.3条条文说明,消防车荷载标准值很大,但出现概率小,作用时间短。在墙、柱设计时应容许做较大的折减,由设计人员根据经验确定折减系数。在基础设计时,根据经验和习惯,同时为减少平时使用时产生的不均匀沉降,允许不考虑消防车通道的消防车活荷载。

9. 带多层裙房的高层建筑,柱、墙、基础设计时,楼面活荷载按层数折减,没有区分主楼与裙房层数的差别

设计带多层裙房的高层建筑时,如果裙房活荷载按高层主楼层数进行折减,活荷载折减系数取值偏小。同时还应注意高层裙房的使用功能多为商业等不能按层数折减的情况,此时更容易造成活荷载取值的偏差。

主楼与裙房柱墙基础设计时,应根据《建筑结构荷载规范》(GB 50009—2019)第5.1.2条第2款规定,分别按照各自实际楼面荷载层数与使用功能,确定是否按层数折减以及各自活荷载折减系数取值。当由设计软件自行取值时,应先行确定设计软件是否具备相应判别功能。

10. 对天然地基基础进行抗震验算时,地基抗震承载力没有计入地基抗震承载力调整系数

这种错误多出现在手算基础的情况。依据《建筑抗震设计规范》(GB 50011)第4.2.2条和第4.2.3条规定,地基抗震承载力应取地基承载力特征值乘以地基抗震承载力调整系数(本系数大于等于1)计算。这主要是考虑了地基土在循环地震力作用下强度一般较静强度有所提高和在地震作用下结构可靠度容许有一定程度的降低。

11. 多柱柱下联合基础按独立基础配筋,做法错误

设计框架结构基础时,在走廊、楼梯等部位,由于柱距较小,经常遇到柱基础碰撞,需要做多柱柱下联合基础的情况。设计人员有时不考虑多柱基础实际受力情况,简单在设计软件中框选多根柱,直接生成基础图。当结构设计软件未考虑柱基础顶面负弯矩的影响时,存在较大安全隐患。多柱柱下联合基础根据柱相对位置关系及柱脚内力情况不同,可以分为以下几种情况:

(1)伸缩缝边双柱,可以取荷载中心与基础中心重合,按单柱独立基础设计;

(2)双柱距离较远,柱脚内力相近,宜设置基础梁,抵抗基础顶面负弯矩,或采取设置板面负筋的方式;

(3)双柱距离较远,柱脚内力及地基沉降差异较大,应设置基础梁,调整基底不均匀变形,抵抗基础顶面负弯矩,或按局部筏板设计;

(4)同一轴线有3柱及以上的情况,应设置基础梁,按梁式条形基础设计;

(5)不在同一轴线的多柱基础,受力情况类似筏板基础,应按局部筏板设计。

12. 扁长的柱下独立基础没有进行抗剪承载力计算

通常情况下柱下独立基础设计主要包括以下内容:

(1)根据上部荷载与地基承载力特征值确定基础底面积;

(2)对基础进行冲切验算,确定基础高度及混凝土强度;

(3)计算独立基础底板弯矩,进行配筋设计。

但是,对于柱下独立基础长宽比较大的情况,《建筑地基基础设计规范》(GB 50007)第8.2.7条第2款规定:对基底底面短边尺寸小于或等于柱宽加两倍基础有效高度的柱下独基,以及墙下条基,应验算柱(墙)与基础交接处的基础受剪承载力。本条为强制性条文。

13. 基础(承台)混凝土强度等级低于柱(桩)混凝土强度等级时,没有验算柱下基础或桩上承台的局部受压

基础(承台)的局部承压验算属于基础设计中容易忽略遗漏的计算内容。当基础(承台)混凝土强度等级低于柱(桩)混凝土强度等级时,需要按《建筑地基基础设计规范》(GB 50007)第8.2.7条第4款、第8.4.18条、第8.5.22条(以上均为强制性规范条文)的要求验算局部承压,应验算柱下或桩上承台的局部受压。

14. 平板式筏基在变厚度处筏板没有进行受剪承载力验算

变厚度筏板的设计中容易忽略遗漏变厚度处筏板受剪承载力验算。《建筑地基基础设计规范》(GB 50007)第8.4.6条规定:平板式筏基的板厚应满足受冲切承载力的要求。同时应注意,《建筑地基基础设计规范》(GB 50007)第8.4.9条规定:平板式筏基应验算距内筒和柱边缘 h_0 处截面的受剪承载力,当筏板变厚度时,尚应验算变厚度处筏板的受剪承载力。

15. 地基基础设计时,所采用的荷载效应组合与抗力限值不对应

在进行地基变形及稳定性计算时,经常遇到设计人员对不同的设计内容所应该采用的作用效应与相应的抗力限值混淆不清的情况。

《建筑地基基础设计规范》(GB 50007)第3.0.5条规定,地基基础设计时,所采用的作用效应与相应的抗力限值应按下列规定:

(1)按地基承载力确定基础底面积及埋深或按单桩承载力确定桩数时,传至基础或承台底面上的作用效应应按正常使用极限状态下荷载效应的标准组合。相应的抗力应采用地基承载力特征值或单桩承载力特征值。

(2)计算地基变形时,传至基础底面上的作用效应应按正常使用极限状态下荷载效应的准永久组合,不应计入风荷载和地震作用。相应的限值应为地基变形允许值。

(3)计算挡土墙、地基或斜坡稳定以及基础抗浮稳定时,作用效应应按承载能力极限状态下荷载效应的基本组合,但其分项系数均为1.0。

(4)在确定基础或桩台高度、支挡结构截面、计算基础或支挡结构内力、确定配筋和验算材料强度时,上部结构传来的作用效应和相应的基底反力、挡土墙土压力以及滑坡推力,应按承载能力极限状态下作用的基本组合,采用相应的分项系数。当需要验算基础裂缝宽度时,应按正常使用极限状态下作用的标准组合。

(5)基础设计安全等级、结构设计使用年限、结构重要性系数应按有关规范的规定采用,但结构重要性系数 γ_0 不应小于1.0。

16. 设计有地面堆载的单层仓库时,没有考虑地面堆载对基础及主体结构的不利影响

《建筑地基基础设计规范》(GB 50007)第7.5.1规定,在建筑范围内有地面荷载的单层工业厂房、露天车间和单层仓库的设计,应考虑由于地面荷载所产生的地基不均匀变形及其对上部结构的不利影响。当有条件时,宜利用堆载预压过的建筑场地。特别应注意,当单层仓库使用功能为散装库(例如粮库)

时,地面荷载不仅给基础施加偏心荷载,而且对主体结构柱与围护结构施加水平荷载。单层散装库多为柱脚刚接,屋盖预应力大板与柱顶铰接的结构模型,设计时如未考虑地面荷载对基础及主体结构的不利影响(基础未考虑偏心荷载造成地基破坏、排架柱无法承受水平力产生的柱身与柱脚弯矩、柱顶剪力造成柱顶铰支座破坏等),存在重大安全隐患。见图 3-9。

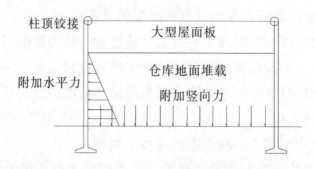

图 3-9 地面堆载对主体结构的竖向力及水平力

17. 某一带裙房的高层建筑基础为筏板基础,不设置沉降缝时,没有采取有效措施防止不均匀沉降发生

由于建筑设计或功能要求,高层建筑与相连的裙房之间未设沉降缝时,需要在基础设计时采取措施,防止不均匀沉降造成主体结构及围护结构破坏。通常应先行计算主楼与裙房基础沉降,确定沉降差异程度,并采取以下措施调整两部分地基基础的沉降差:

(1)在裙房一侧设置用于控制沉降的后浇带,以消除施工阶段两者沉降差。严格控制沉降后浇带封闭时间,其封闭时间由主体结构沉降情况决定(取决于上部荷载与地基土层情况)。只有当主体结构完工,沉降观测数据显示沉降已经稳定时,方可封闭沉降后浇带。

(2)当高层建筑基础面积满足地基承载力和变形要求时,适当采取增大主楼筏板基础面积、地基处理、增设减沉复合疏桩等措施,降低高层建筑沉降量,减少沉降差。

(3)增加裙房基础沉降量,裙房尽量不用筏板基础,采用沉降量较大的独立基础加防水板的基础形式,使沉降尽可能接近。

(4)按地基基础与上部结构共同作用、相互影响的实际模型进行整体计算分析,以考虑不均匀沉降对高层主楼及裙房基础和主体结构的影响,将其反映到基础和主体结构设计中。

18. 持力层为岩石的地下室没有进行抗浮设计是错误的

在山坡地建设的地下室,基础持力层为基岩,地质勘探报告描述无地下水,设计人员通常不进行地下室抗浮设计。在各地工程实践中,多次出现地下室上浮,造成结构损坏的事故。影响山地地下室抗浮性能的不利因素有以下几个方面:一是地下室位于山坡地,基坑为岩质基坑,强降水时,外部坡地汇水至基坑内,无法排除,造成地下室上浮;二是持力层基岩有裂隙,山体水自裂隙汇入基坑,造成地下室上浮。综上所述,当设计山地地下室时,应根据地形地貌、山体岩性等因素,合理确定抗浮设计水位,并采取有效的抗浮措施。当存在外部坡地汇水情况时,施工期间,基坑坡顶应预留排水口,强降水时作为坑内水外排通道。

19. 地下室设计时,没有明确施工期间降水要求及降水终止时间与终止条件

对于地下室工程,抗浮设计除采取抗浮桩、抗浮锚杆等措施外,地下室顶板覆土、地下室室内填土也是地下室抗浮措施的重要组成部分。在施工期间,顶板覆土和室内填土尚未完成,施工单位往往为了节省降水成本,提前停止基坑降水。此时存在地下室不满足抗浮要求的情况,导致地下室出现整体或局部上浮,地下室结构损坏。设计说明应结合抗浮计算与现场水位观测,明确要求降水终止时间与终止条件。

20. 地下室基础形式采用独立基础加防水板时,防水板下没有做软垫层

当地基承载力较高时,独立基础加防水板是一种较为常见的地下室基础形式。独立基础承担全部上部荷载,防水板仅承担水浮力作用。在具体工程设计中,有些设计人员不考虑结构实际受力情况,未要求在防水板下做软垫层。当独立基础受力,发生沉降时,会引起相邻防水板承担地基土反力。结构实际受力情况类似带柱墩的筏板基础,与计算假定不符,导致防水板破坏。

设计采用独立基础加防水板时,应根据独立基础计算沉降量大小,在防水板下独立基础周围局部设置软垫层,避免防水板承担地基土反力。软垫层采用的材料通常为聚苯板或焦渣,厚度不宜小于基础边缘计算沉降量,宽度宜为基础边线中点计算沉降量的20倍且不宜小于500 mm。同时应注意,此时独立基础除承担全部上部荷载外,还承担防水板传递的水浮力,此时,独立基础内力不同于仅承担基底土反力时的内力。

21. 防水板中受拉钢筋最小配筋率取 0. 15% 是错误的

《混凝土结构设计规范》(GB 50010)第 8. 5. 1 条规定:钢筋混凝土结构构

件中纵向受力钢筋的配筋百分率 ρ_{min} 不应小于表 8.5.1 规定的数值。《混凝土结构设计规范》(GB 50010)第 8.5.2 条规定：卧置于地基上的混凝土板，板中受拉钢筋的最小配筋率可适当降低，但不应小于 0.15%。

防水板不属于卧置于地基上的混凝土板范围，防水板属于受弯构件，其最小配筋率应按《混凝土结构设计规范》(GB 50010)表 8.5.1 取值。用于人防工程的防水板，其最小配筋率尚应满足《人民防空地下室设计规范》第 4.11.7 条要求。

22. 多层框架结构在地坪标高设置地梁时，没有沿框架两个主轴方向布置，计算时没有考虑底层柱两个方向计算高度的差别

有些设计人员在布置地梁时，未沿框架两个主轴方向布置，仅在填充墙下设置地梁，导致框架柱在两个方向约束条件、计算高度等差距很大，计算结果与实际受力情况不一致。多层框架结构设计中，如采取在地坪标高设置地梁层兼做填充墙基础的处理方法，一般应沿框架两个主轴方向布置地梁，给框架柱提供双向可靠约束。当框架跨度很大时，设置双向地梁比较困难，计算时应考虑底层柱两个方向计算高度的差别，使结构实际受力情况与计算模型假定、计算分析结果一致。

23. 有防水要求的钢筋混凝土基础，垫层采用 C10 素混凝土是错误的

钢筋混凝土基础的垫层主要有以下作用：①为基础施工提供操作面。②提高基础混凝土构件的耐久性能。《混凝土结构设计规范》(GB 50010)第 8.2.1 条要求，钢筋混凝土基础宜设置混凝土垫层，基础上钢筋的混凝土保护层厚度应从垫层顶面算起，且不应小于 40 mm。此时未对混凝土垫层强度等级提出要求。《建筑地基基础设计规范》(GB 50007)第 8.2.1 条要求，垫层的厚度不宜小于 70 mm，垫层混凝土强度等级不宜低于 C10。当有垫层时钢筋保护层的厚度不应小于 40 mm，无垫层时不应小于 70 mm。③提高基础混凝土构件的防水性能。《地下工程防水技术规范》(GB 50108)第 4.1.6 条要求，防水混凝土结构底板的混凝土垫层，强度等级不应小于 C15，厚度不应小于 100 mm，在软弱土层中不应小于 150 mm。根据以上要求，有防水要求的钢筋混凝土基础垫层应采用 C15 及以上素混凝土。

24. 框架柱基础高度取值小于墙柱纵向受力钢筋的最小直锚段长度 20 *d* 的要求

在设计框架柱、剪力墙基础时，设计人员往往仅根据框架柱、剪力墙根部内力确定基础底面积，进行冲切与受弯验算确定基础高度，计算基础内力与配

筋。由于基础设计和上部结构设计分别属于两个不同软件模块,设计时容易忽略基础高度还应满足《建筑地基基础设计规范》(GB 50007)第 8.2.2 条第 3 款规定:当基础高度小于墙柱纵向受力钢筋的锚固总长度时,其墙柱纵向钢筋最小直锚段长度不应小于 $20d$,弯折段长度不应小于 150 mm。图集《独立基础、条形基础、筏板基础、桩基础》(16G101-3)第 65 页详图规定,墙柱纵向钢筋最小直锚段长度不应小于 $20d$ 且不小于 $0.6\,l_{abE}$,弯折段长度不应小于 $15d$。图集《防空地下室结构设计》(07FG01)中规定,内墙

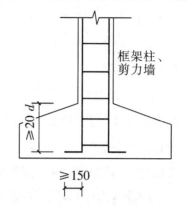

图 3-10 框架柱、剪力墙纵筋在基础上锚固要求(《抗震》8.2.2.3)

纵向钢筋在基础底板中的直锚段长度和弯折段长度应满足第 58 页中表 4-13 的要求,柱纵向钢筋在基础底板中的直锚段长度不应小于 $0.8\,l_{aF}$,弯折段长度不应小于 $6d$ 且不小于 150 mm。基础设计时,应核对底层框架柱、剪力墙的配筋,根据纵向钢筋规格调整基础截面高度,以满足纵向钢筋锚固要求。见图 3-10 至图 3-12。

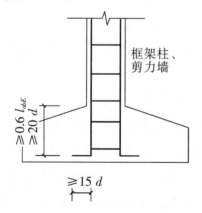

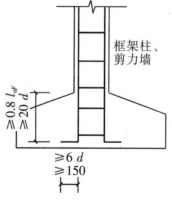

图 3-11 框架柱、剪力墙纵筋在基础上　　　图 3-12 人防工程框架柱纵筋在基础
锚固要求(《16G101-3》图集)　　　　　上锚固要求(《07FG01》图集)

25. 高层建筑采用筏形基础时,地下室墙体采用 φ8@200 双层双向配筋是错误的

高层建筑较多采用筏形基础,设计人员在设计高层建筑地下室墙体时,一般按照计算分析结果,满足承载力要求并执行《建筑抗震设计规范》(GB 50011)、《高层建筑混凝土结构技术规程》(JGJ 3)中一系列相关规定进行地下室剪力墙的设计。容易忽略《建筑地基基础设计规范》(GB 50007)第 8.4.5 条要求:

采用筏形基础的地下室,钢筋混凝土外墙厚度不应小于250 mm,内墙厚度不宜小于200 mm。墙的截面设计除满足承载力要求外,尚应考虑变形、抗裂及外墙防渗等要求。墙体内应设置双面钢筋,钢筋不宜采用光面圆钢筋,水平钢筋的直径不应小于12 mm,竖向钢筋的直径不应小于10 mm,间距不应大于200 mm。该条文综合考虑高层建筑筏形基础整体弯曲变形对剪力墙的不利影响、温度应力作用下墙身抗裂及外墙防渗等结构计算中难以准确分析的因素,设计时应严格执行。

26. 地下室外墙、地下室底板及顶板配筋时没有考虑三者相互影响

在实际结构中,地下室顶梁板、外墙、基础三者为整体结构,相互约束,节点内力相互传递,共同承担顶板竖向力、外墙水平力及基础底板土体反力产生的结构内力,在构件交界处节点满足平衡条件。但在结构工程设计中地下室顶梁板、外墙、基础的设计分别属于结构设计软件的不同模块,各自独立进行内力分析和配筋设计。由于计算模型与结构实际受力的差异,造成基础底板、地下室外墙顶部实配钢筋不足的错误。

在计算手段尚无法解决结构计算模型与结构实际受力的差异时,应综合分析各模块中计算结果,考虑三者之间的相互影响,对构件配筋进行适当调整。例如地下室外墙顶部虽然定义为铰接,但实配钢筋应考虑地下室顶梁板传递的支座弯矩影响;地下室外墙根部与基础底板应根据平衡条件,实配钢筋时考虑其相互影响。

27. 把地下室外墙竖向钢筋配置在钢筋网内侧是错误的

地下室外墙与剪力墙两者在结构体系中受力情况有很大区别,地下室外墙主要承担上部竖向荷载与地下室外传来的水土压力和人防荷载,配筋由平面外弯矩控制,竖向钢筋配置在钢筋网外侧。上部结构剪力墙主要承担上部竖向荷载与风、地震产生的平面内水平力,不考虑面外荷载作用,竖向钢筋配置在钢筋网内侧。

28. 地下室顶板消防车荷载取值没有考虑板跨及覆土厚度的不同,造成取值错误

在《建筑结构荷载规范》(GB 50009)中,对消防车等效均布活荷载取值规定了基本计算原则,但决定消防车等效均布活荷载取值的因素很多,实际设计地下室顶板时,如各部位采用同一等效均布活荷载取值,很容易造成部分板块区域承载力不足的不利情况。

决定消防车等效均布活荷载取值的因素有顶板的支承条件(单向板、双向

板、异形板)、板跨度、顶板覆土厚度等。在确定现浇板消防车等效均布活荷载取值时,应根据以上因素,结合现场分区域取值。对于《建筑结构荷载规范》(GB 50009)未明确规定的情况,可结合相关资料取值。设计地下室顶次梁、主梁时,可按《建筑结构荷载规范》(GB 50009)中相关规定,对现浇板传递的活荷载进行折减。消防车等效均布活荷载不参与基础设计。设计时还应注意,消防车等效均布活荷载的准永久值系数为 0,不参与结构梁板挠度裂缝计算。

29. 不区分基坑支护方式,地下室外墙计算时侧压力系数统一取值 0.33 是错误的

挡土结构承担的土压力一般有主动土压力、静止土压力、被动土压力三种情况。根据《全国民用建筑工程技术措施　结构(地基与基础)》第5.8.11条要求:计算地下室外墙的土压力时,当地下室施工采用大开挖方式,无护坡桩或连续墙支护时,地下室承受的土压力宜取静止土压力,静止土压力系数 K_0,对正常固结土可取 $1-\sin\phi$(ϕ 为土的内摩擦角),一般情况下可取 0.5。当地下室施工采用护坡桩或连续墙支护时,在可以保证支护结构与主体结构同寿命的前提下,地下室外墙的土压力计算中,可以考虑基坑支护与地下室外墙的共同作用,可按静止土压力乘以折减系数 0.66 近似计算($0.5\times0.66=0.33$)。

30. 地下室外墙计算模型、配筋方式与实际受力情况不符

在地下室外墙设计中,经常遇到设计人员不区分外墙不同部位具体支承情况,对外墙统一采用相同截面和配筋,形成结构安全隐患。地下室外墙,根据不同情况,有以下受力模型:

(1)较长外墙,顶部有地下室顶板,按两边支承板计算,上端为铰接,下端为嵌固;

(2)主楼周边地下室外墙,当存在垂直于外墙的剪力墙时,应按四边支承板进行计算;

(3)当存在垂直于外墙的剪力墙间距很小时(例如设备管井部位),地下室外墙属于两侧边支承情况;

(4)当地下室外墙为汽车坡道外部墙体时,应按墙体顶部为自由端进行结构计算;

(5)当地下室外墙为楼梯间侧边墙体时,应考虑半层平台对外墙的支撑作用进行结构计算;

(6)地下室外墙阳角及阴角处,正交的墙体互为支承边,墙体实际受力情况与按上下两边支承模型计算结果差异较大,在挡土侧需增设附加水平短筋;

(7)地下室挡土外墙上布置框架柱时,由于框架柱与外墙共同作用,承担土水压力。柱截面越大,受土水压力作用越大,框架柱配筋应考虑其不利影响,在挡土方向配筋应加强。

地下室外墙设计时,应区分外墙不同部位具体支承情况,正确选取计算简图,合理配置受力钢筋。

31. 在存在密实砂层及硬塑黏土场地,选用预应力管桩基础,没有考虑成桩可行性

由于预应力管桩具有造价低、承载力高、施工周期较短、成桩质量稳定等优点,在全国许多地区均大量使用。预应力管桩为全挤土桩,施工质量受土层制约较为严重,甚至在某些地层情况下无法实施。在存在密实砂层及硬塑黏土场地,无论是采用打入法还是静压法施工,均很难穿透,即便使用钢制桩尖,也无法将预应力管桩压至设计标高。为解决这一问题,设计单位往往要求采用预成孔工艺施工。《建筑桩基技术规范》(JGJ 94)对预成孔工艺的孔径与孔深有明确要求,但施工现场为了沉桩方便,经常按全截面、全深度预成孔,降低了沉桩难度,但同时也降低了桩基承载力,造成桩承载力不足、沉降过大等情况。

在确定采用预应力管桩前,结构设计人员应全面掌握建设场地土层情况,参考勘探报告中对基础选型的建议,调查了解当地设计与施工经验,合理确定基础桩型。并在设计文件中明确,工程桩施工前应先做试桩,确定成桩可能性及单桩承载力。避免工程桩大范围施工后,有效桩长及单桩承载力无法满足设计要求,被迫调整桩型,造成延期并增加造价。近年来,为了提高预制管桩的适用性,国内相继推出了 UHC 预应力超高强混凝土管桩等新桩型和中掘工法、植桩工法、复合桩工法等一系列新工法,提高了预制桩对不同地质条件的适应性。由于各地土层条件差异很大,在采用新桩型及新工法时,应进行充分的试验验证。

32. 在存在深厚软塑黏土或淤泥质土场地,选用预应力管桩基础,没有采取防止基桩倾斜的措施

预应力管桩为全挤土桩,桩基施工时,挤土效应较为明显。对于布置较密的基桩,可能造成后期施工基桩沉桩困难、前期施工基桩倾斜等后果。对于深厚软塑黏土或淤泥质土场地,挤土效应更为明显,不仅造成前期施工基桩大量倾斜,还会造成基坑与基桩明显隆起,导致桩基失效的严重后果。仅采取基桩跳打施工,无法彻底解决以上问题。

在存在深厚软塑黏土或淤泥质土场地,结构设计人员应调查了解当地设

计与施工经验,确定采用预应力管桩的可能性。当选用预应力管桩基础时,为避免因挤土效应造成桩基质量问题,应采取以下措施:

(1)提高单桩承载力,减少桩数,适当增加桩距,不得仅按《建筑桩基技术规范》(JGJ 94)中最低要求确定桩距;

(2)采用预成孔工艺施工,部分取土,减少挤土效应;

(3)跳打施工,减轻前期施工基桩倾斜、隆起现象;

(4)设置竖向排水通道如砂井、碎石桩、强夯置换等,消除部分土体超孔隙水压,减少挤土效应;

(5)对地基土进行加固处理。

33. 带防水底板的多桩承台没有设置上部和侧面钢筋

对于不带防水底板的独立多桩承台可仅设底部受力筋。带防水底板的多桩承台,其防水底板一般与承台顶齐平,防水板底位于承台侧边中部,在防水底板传来的水浮力及弯矩作用下会将素混凝土的承台拉裂,故应增设上部和侧面钢筋。

34. 某工程桩端持力层为粉土,桩径 500 mm,桩基进入桩端持力层的深度 750 mm,是错误的

桩基的承载力主要由桩端阻力和桩侧阻力组成。《建筑桩基技术规范》(JGJ 94)第 3.3.3 条规定应选择较硬土层作为桩端持力层。规范规定桩端进入持力层的深度,主要是考虑了在各类桩端持力层中成桩的可能性和难易程度,同时也是保证桩端阻力的有效发挥。桩端全断面进入持力层的深度,对于黏性土、粉土不宜小于 $2d$,砂土不宜小于 $1.5d$,碎石类土不宜小于 $1d$。当存在软弱下卧层时,桩端以下硬持力层厚度不宜小于 $3d$。对于嵌岩桩,嵌岩深度应综合荷载、上覆土层、基岩、桩径、桩长诸因素确定。对于嵌入倾斜的完整岩和较完整岩的全断面深度,不宜小于 $0.4d$ 且不小于 0.5 m,倾斜度大于 30% 的中风化岩,宜根据倾斜度及岩石完整性适当加大嵌岩深度;对于嵌入平整、完整的坚硬岩和较硬岩的深度,不宜小于 $0.2d$ 且不应小于 0.2 m。《建筑地基基础设计规范》(GB 50007)第 8.5.3 条第 3 款规定,嵌岩灌注桩周边嵌入完整和较完整的未风化、微风化、中风化硬质岩体的最小深度,不宜小于 0.5 m。

35. 基桩的最小中心距小于规范要求,计算时没有考虑其对桩基承载力和沉降的不利影响

基桩的最小中心距应符合《建筑桩基技术规范》(JGJ 94)表 3.3.3 的规定。规范规定基桩最小中心距的其中一个重要因素是为了有效发挥桩的承载力。

群桩试验表明对于非挤土桩,桩距3～4d时,侧阻和端阻的群桩效应系数接近或略大于1;砂土、粉土略高于黏性土。考虑承台效应的群桩效率则均大于1。此时单桩竖向承载力与群桩情况基本一致。当桩距较最小中心距进一步减小时,桩、桩间土与相邻桩之间的相互影响会明显增加,单桩承载力会有所降低。同时,桩基的竖向支承刚度因桩土相互作用而降低,桩基沉降变形加大。对于不同的成桩工艺、桩受力形式、桩间土类别及桩数,单桩承载力及桩基沉降变形均有不同程度的变化。以上情况可能造成桩基础承载力、沉降计算值与工程实际情况不一致的不利结果。根据以上情况,在实际工程桩基设计时,建议布桩时,多数桩间距应满足表3.3.3的规定;少数桩如因结构尺寸原因,无法满足规范要求时,对单桩竖向承载力进行适当折减。还应控制桩距不得过小,避免桩基础承载力、沉降计算值与工程实际情况偏差过大。

36. 基桩的最小中心距小于规范要求,没有采取可靠措施保证成桩质量

为了保证成桩质量要求,《建筑桩基技术规范》(JGJ 94)规定,基桩的最小中心距应符合表3.3.3的规定。当施工中采取减小挤土效应的可靠措施时,可根据当地经验适当减小。对于非挤土桩而言,无须考虑挤土效应问题,但是对于钻孔灌注桩等桩型,桩侧土体为粉土、砂土等土层时,桩距较小容易造成塌孔、串孔等问题,严重影响成桩质量;对于挤土桩,桩距较小容易造成前期施工的桩基变形倾斜、后期施工的桩基打桩困难等不利情况,为减小挤土负面效应,在饱和黏性土和密实土层条件下,桩距应适当加大。根据以上要求,在实际工程桩基设计时,建议布桩时,多数桩间距应满足表3.3.3的规定;少数桩如因结构尺寸原因,无法满足规范要求时,应采取跳打、预成孔等措施解决灌注桩串孔及预制桩挤土问题。同时,应控制桩距不得过小。

37. 设计甲类人防工程桩基础时,没有考虑传递来的人防等效静荷载

在人防工程结构设计中,设计人员容易忽略人防工程中桩基础的特殊性,没有考虑人防荷载对桩基础的作用,造成安全隐患。

《人民防空地下室设计规范》(GB 50038)第4.8.15条要求:当甲类防空地下室基础采用桩基且按单桩承载力特征值设计时,除桩本身应按计入上部墙、柱传来的核武器爆炸动荷载的荷载组合验算承载力外,底板上的等效静荷载标准值可按表3-2采用。

表 3-2　有桩基钢筋混凝土底板等效静荷载标准值(kN/m^2)

底板下土的类型	防核武器抗力级别					
	6B		6		5	
	端承桩	非端承桩	端承桩	非端承桩	端承桩	非端承桩
非饱和土	—	7	—	12	—	25
饱和土	15	15	25	25	50	50

38. 对新近回填土较厚的场地,桩基计算时没有考虑回填土的负摩阻

当桩基础位于有较厚新近回填土的场地时,由于新填土固结沉降,会对桩基承载力和沉降造成影响。《建筑桩基技术规范》(JGJ 94)第5.4.2条规定:符合下列条件之一的桩基,当桩周土层产生的沉降超过基桩的沉降时,在计算基桩承载力时应计入桩侧负摩阻力:

(1)桩穿越较厚松散填土、自重湿陷性黄土、欠固结土、液化土层进入相对较硬土层时;

(2)桩周存在软弱土层,邻近桩侧地面承受局部较大的长期荷载,或地面大面积堆载(包括填土)时;

(3)由于降低地下水位,使桩周土有效应力增大,并产生显著压缩沉降时。

第5.4.3条规定:桩周土沉降可能引起桩侧负摩阻力时,应根据工程具体情况考虑负摩阻力对桩基承载力和沉降的影响,并根据规范相关规定计算其影响。

39. 抗拔桩没有进行桩身裂缝验算

在抗拔桩的设计中,经常出现设计人员只重视计算单桩抗拔承载力和钢筋抗拉承载力,忽视抗拔桩桩身裂缝验算的情况。《建筑桩基技术规范》(JGJ 94)第5.8.8条规定:裂缝控制等级为一、二、三级时的设计方法。其中一、二级主要用于配置预应力钢筋的灌注桩,应用较少,实际工程应用的抗拔桩多为裂缝控制等级三级的灌注桩。设计时,应按规范相关要求进行验算。同时,还应满足《建筑地基基础设计规范》(GB 50007)第8.5.12条相关要求。

40. 柱下独立单桩承台(桩帽)按最小配筋率 0.15% 配筋,是不必要的

《建筑桩基技术规范》(JGJ 94)第4.2.3条第1款规定:柱下独立桩基承台最小配筋率不应小于0.15%。指的是对多桩承台底层受力钢筋的要求。而柱下独立单桩承台(桩帽)仅是一个刚度较大的传力构件,其钢筋并非受力筋。故一般情况下配置 φ12@200 双向钢筋即可,当承台(桩帽)高度大于 1 000 mm 时,配筋不少于 φ12@150 双向钢筋。

41. 计算扩底桩桩身侧阻力时没有考虑扩大头引起的侧阻损失

扩底桩扩大头施工会造成扩底桩斜面以上部分土体因应力释放、摩阻力减小的情况。《建筑桩基技术规范》(JGJ 94)第5.3.6条中规定,对于扩底桩斜面及变截面以上 $2d$ 长度范围不计侧阻力。按《大直径扩底灌注桩技术规程》(JGJT 225—2010)表2.3.1注4,扩底桩扩大头斜面及变截面以上 $2d$ 长度范围内不应计入桩侧阻力,当扩底桩桩长小于6 m时,不宜计入桩侧阻力。

42. 当大直径灌注桩的桩侧与桩端为土层时,确定大直径灌注桩的单桩承载力,没有考虑尺寸效应系数

大直径桩端阻尺寸效应:大直径桩静载试验 Q-S 曲线均呈缓变形,反映出其端阻力以压剪变形为主导的渐进破坏,端阻力随桩径增大呈减小趋势。大直径桩侧阻尺寸效应:桩成孔后产生应力释放,孔壁出现松弛变形,导致侧阻力有所降低,侧阻力随桩径增大呈双曲线形减小。《建筑桩基技术规范》(JGJ 94)第5.3.6条规定:大直径灌注桩侧阻力与端阻力的尺寸效应系数主要针对黏性土、粉土、砂石和碎石土等土层。故当大直径灌注桩的桩侧与桩端为以上土层时,确定大直径灌注桩的单桩承载力应考虑侧阻力与端阻力的尺寸效应。当桩基础为大直径后注浆灌注桩时,计算桩承载力所采用的后注浆侧阻力、端阻力增强系数,应按《建筑桩基技术规范》(JGJ 94)表5.3.6-2进行侧阻力与端阻力的尺寸效应修正。

当大直径灌注桩的桩侧与桩端为岩石时,对中风化及以上岩石而言,因岩石内部结构稳定且应力较弱、矿物颗粒间结合力强、岩石抗剪抗压强度比土高很多等原因,侧阻力及端阻力降低程度轻微,故大直径嵌岩灌注桩的嵌岩段可不考虑侧阻力与端阻力的尺寸效应。按照《建筑桩基技术规范》(JGJ 94)第5.3.6条和第5.3.9条计算大直径嵌岩灌注桩的单桩承载力。

43. 两桩承台只在承台底部配筋,配筋方式错误

在两桩承台的配筋设计中,经常遇到以下两种错误情况:

(1)两桩承台按柱下基础形式,仅在承台底配筋,双向均要求满足最小配筋率;

(2)两桩承台按一般梁截面设计,承台侧面配筋常不满足深受弯构件配筋率要求。

两桩承台从受力机制上看,是两端支撑于桩顶、中部承受柱荷载的梁式受力构件,其跨高比一般小于5,试验表明破坏时呈深受弯构件的特征。根据《建筑桩基技术规范》(JGJ 94)第4.2.3条第1款规定:柱下独立两桩承台,应按现行国家标准《混凝土结构设计规范》(GB 50010)中的深受弯构件配置纵向受拉

钢筋、水平及竖向分布钢筋。承台纵向受力钢筋端部的锚固长度及构造应与柱下多桩承台的规定相同。水平及竖向分布钢筋、拉结筋形式及锚固做法应满足深受弯构件的相关构造要求。

44. 某工程基桩箍筋全长采用 $\phi8@200$ 螺旋筋，计算桩身受压承载力时，计入桩身纵向钢筋受压作用是错误的

在桩基础设计中，会遇到设计人员在计算桩身承载力时，不考虑规范前提条件，错误地计入桩身纵向钢筋的抗压作用这种情况。《建筑地基基础设计规范》(GB 50007)第 8.5.10 条规定：桩身混凝土强度应满足桩的承载力设计要求(本条为强制性条文)。第 8.5.11 条规定：按桩身混凝土强度计算桩的承载力时，应按桩的类型和成桩工艺的不同，将混凝土的轴心抗压强度设计值乘以工作条件系数 ϕ_c，桩轴心受压时桩身强度应符合式(8.5.11)的规定。当桩顶以下 5 倍桩身直径范围内螺旋式箍筋间距不大于 100 mm 且钢筋耐久性得到保证的灌注桩，可适当计入桩身纵向钢筋的抗压作用。《建筑桩基技术规范》(JGJ 94)5.8 节对不同成桩工艺、不同土层特性、不同桩型提出了验算桩身承载力的具体要求。

《建筑桩基技术规范》(JGJ 94)第 4.1.1 条规定：灌注桩箍筋应采用螺旋式，受水平荷载较大的桩基、承受水平地震作用的桩基，以及考虑主筋作用计算桩身受压承载力时，桩顶以下 $5d$ 范围内的箍筋应加密，间距不应大于100 mm。灌注桩施工在吊装钢筋笼与水下灌注混凝土时，普通圆箍容易受扰动，造成箍筋移位、脱落情况，所以应采用螺旋式，并与桩主筋可靠连接。对于箍筋的配置，主要考虑三方面因素：一是箍筋的受剪作用，对于地震设防地区，基桩桩顶要承受较大剪力和弯矩，在风荷载等水平力作用下也同样如此，故规定桩顶 $5d$ 范围箍筋应适当加密，一般间距为 100 mm；二是箍筋在轴压荷载下对混凝土起到约束、加强作用，可大幅提高桩身受压承载力，而桩顶部分荷载起到约束、加强作用，可大幅提高桩身受压承载力，桩顶部分荷载最大，故桩顶部位箍筋应适当加密；三是为控制钢筋笼的刚度，根据桩身直径不同，箍筋直径一般为 $\phi6\sim\phi12$，加劲箍为 $\phi12\sim\phi18$。

设计时应严格执行以上要求，正确选取桩身承载力计算参数。

45. 采用预应力管桩作为抗拔桩，只计算桩的抗拔承载力是不全面的

近来较多工程将预应力混凝土空心桩用于抗拔桩，此时抗拔桩设计应满足以下要求：

(1)抗拔桩的抗拔承载力应满足《建筑桩基技术规范》(JGJ 94)第 5.4.5 条

及第 5.4.6 条要求。

(2)抗拔桩桩身正截面设计应满足受拉承载力,同时应按《建筑桩基技术规范》(JGJ 94)第 5.8.8 条中一、二级裂缝控制等级的相关要求,进行裂缝控制计算。此时可以从国标图集中按抗拔承载力相关要求选取。

(3)预应力管桩桩顶与承台连接系通过桩顶孔内带吊筋钢筋笼的灌芯混凝土来传递上拔力。钢筋笼规格及灌芯长度应通过计算确定。灌芯混凝土通过与管桩内壁摩阻力来传力,施工时应确保管桩清孔质量及灌孔长度,并通过现场试验验证其抗拔承载力。

46. 嵌岩灌注桩桩端以下岩层性状没有做明确要求

《建筑地基基础设计规范》(GB 50007)第 8.5.6 条第 6 款规定,嵌岩灌注桩桩端以下 3 倍桩径且不小于 5 m 范围内应无软弱夹层、断裂破碎带和洞穴分布,且在桩底应力扩散范围内应无岩体临空面。当桩端无沉渣时,桩端岩石承载力特征值应根据岩石饱和单轴抗压强度标准值,按本规范第 5.2.6 条确定,或按本规范附录 H 用岩石地基载荷试验确定。

为确保大直径嵌岩桩的设计可靠性,必须确定桩底一定深度内岩体性状。此外,在桩底应力扩散范围内可能埋藏有相对软弱的夹层,甚至存在洞隙,应引起足够注意。岩层表面往往起伏不平,有隐伏沟槽存在,特别在碳酸盐类岩石地区,岩面石芽、溶槽密布,此时桩端可能落于岩面隆起或斜面处,有导致滑移的可能。因此,规范规定在桩底端应力扩散范围内应无岩体临空面存在,并确保基底岩体的稳定性。实践证明,作为基础施工图设计依据的详细勘察阶段的工作精度,满足不了这类桩设计施工的要求,因此,当基础方案选定之后,还应根据桩位及要求进行专门性的桩基勘察,以便针对各个桩的持力层选择入岩深度,确定承载力,并为施工处理等提供可靠依据。

经专门性的桩基勘察后,如果嵌岩灌注桩桩端以下岩层不能满足规范要求,则应根据桩端以下岩层具体情况,按照规范要求,采取相应处理措施。

47. 有抗震设防要求的柱下桩基承台,没有沿主轴方向双向设置连系梁

《建筑桩基技术规范》(JGJ 94)表 4.2.6 规定,承台与承台之间的连接构造应符合下列规定:

(1)一柱一桩时,应在桩顶两个主轴方向上设置连系梁。当桩与柱的截面直径之比大于 2 时,可不设连系梁。

(2)两桩桩基的承台,应在其短向设置连系梁。

(3)有抗震设防要求的柱下桩基承台,宜沿两个主轴方向设置连系梁。

（4）连系梁顶面宜与承台顶面位于同一标高。连系梁宽度不宜小于 250 mm，其高度可取承台中心距的 1/15～1/10，且不宜小于 400 mm。

（5）连系梁配筋应按计算确定，梁上下部配筋不宜小于 2 根直径 12 mm 钢筋；位于同一轴线上的相邻跨连系梁纵筋应连通。

有抗震设防要求的柱下桩基承台，由于地震作用下，建筑物的各桩基承台所受的地震剪力和弯矩是不确定的，因此在纵横两方向设置连系梁，对桩基的受力性能是有利的。当防水板厚度较厚（≥350 mm）时，由于防水板平面内、平面外刚度较大，能够将柱底剪力、弯矩传递至承台，设计时可不另设基础梁，必要时可在防水板内设置暗梁。

48. 确定复合地基的褥垫层厚度时，没有区分不同处理方法的差别，是错误的

复合地基的桩（包括散体桩和刚性桩）顶和基础之间应设置褥垫层，褥垫层在复合地基中具有以下的作用：

（1）保证桩、土共同承担荷载，是桩与土形成复合地基的重要条件。

（2）通过改变褥垫厚度，调整桩垂直荷载的分担。通常褥垫越薄，桩承担的荷载占总荷载的百分比越高。

（3）减少基础底面的应力集中。

（4）调整桩、土水平荷载的分担，褥垫层越厚，土分担的水平荷载占总荷载的百分比越大，桩分担的水平荷载占总荷载的百分比越小。对抗震设防区，不宜采用厚度过薄的褥垫层设计。

（5）褥垫层的设置，可使桩间土承载力充分发挥，作用在桩间土表面的荷载在桩侧的土单元体产生竖向和水平向附加应力。水平向附加应力作用在桩表面具有增大侧阻的作用，在桩端产生的竖向附加应力对提高单桩承载力是有益的。

褥垫层起水平排水的作用，有利于施工后加快土层固结；对独立基础等小基础，褥垫层还可以起到明显的应力扩散作用，降低碎（砂）石桩和桩周围土的附加应力，减少桩体的侧向变形，从而提高复合地基承载力，减少地基变形量。

褥垫层铺设后需压实，可分层进行，夯填度（夯实后的垫层厚度与虚铺厚度的比值）不得大于 0.9。

褥垫层厚度对复合地基性能的影响是非常显著的。《建筑地基处理技术规范》（JGJ 79）第七章针对各种复合地基处理方式的特点，分别提出了相应褥垫层设置要求：

(1)振冲碎石桩、沉管砂石桩复合地基:桩顶和基础之间宜铺设厚度为300~500 mm 的垫层,垫层材料宜用中砂、粗砂、级配砂石和碎石等,最大粒径不宜大于 30 mm。

(2)水泥土搅拌桩复合地基:水泥土搅拌桩复合地基宜在基础和桩之间设置褥垫层,厚度可取 200~300 mm。褥垫层材料可选用中砂、粗砂、级配砂石等,最大粒径不宜大于 20 mm。

(3)旋喷桩复合地基:宜在基础和桩顶之间设置褥垫层。褥垫层厚度宜为150~300 mm,褥垫层材料可选用中砂、粗砂和级配砂石等,褥垫层最大粒径不宜大于 20 mm。

(4)灰土挤密桩、土挤密桩复合地基:桩顶标高以上应设置 300~600 mm 厚的褥垫层。垫层材料可根据工程要求采用 2∶8 或 3∶7 灰土、水泥土等。

(5)夯实水泥土桩复合地基:桩顶标高以上应设置厚度为 100~300 mm 的褥垫层;垫层材料可采用粗砂、中砂或碎石等,垫层材料最大粒径不宜大于20 mm。

(6)桩顶和基础之间应设置褥垫层,褥垫层厚度宜为桩径的 40%~60%。垫层材料宜采用中砂、粗砂、级配砂石和碎石等,最大粒径不宜大于 30 mm。

(7)柱锤冲扩桩复合地基:桩顶部应铺设 200~300 mm 厚砂石垫层;对湿陷性黄土,垫层材料应采用灰土,满足本规范第 7.5.2 条第 8 款的规定。

(8)多桩型复合地基:多桩型复合地基垫层设置,对刚性长、短桩复合地基宜选择砂石垫层,垫层厚度宜取对复合地基承载力贡献大的增强体直径的 1/2;对刚性桩与其他材料增强体桩组合的复合地基,垫层厚度宜取刚性桩直径的 1/2;对湿陷性的黄土地基,垫层材料应采用灰土,垫层厚度宜为 300 mm。

确定复合地基褥垫层时,应在设计文件中明确对夯填度及压实系数的要求。

49. 当基底土层为软弱土时,采用刚性桩复合地基进行地基处理,对桩间土承载力考虑过大是错误的

刚性桩复合地基是一种利用刚性桩承载力与桩间土承载力共同承担上部荷载的地基处理形式。刚性桩与桩间土两者通过变形协调关系分担上部荷载。当基底土层为软弱土时,由于土体压缩模量较小,当桩沉降量小时,土体承载力不能充分发挥,桩间土分担的上部荷载小于《建筑地基处理技术规范》(JGJ 79)、《复合地基技术规范》(GB/T 50783)中经验公式计算结果。

在复合地基设计时,当基底土层为软弱土时,如采用刚性桩复合地基进行

地基处理,需考虑采取以下技术措施:

(1)设计前期采用《建筑地基处理技术规范》(JGJ 79)、《复合地基技术规范》(GBT 50783)中经验公式进行复合地基承载力估算时,桩体竖向承载力发挥系数可取大值,桩间土地基承载力发挥系数可取小值。

(2)设计时适当增加褥垫层厚度,提高桩间土地基承载力发挥系数。

(3)要求施工前先做试桩,并检测单桩与复合地基承载力,把检测结果作为复合地基设计依据。

50.当基底土层为流塑状软弱土时,没有进行现场试验验证,直接采用散体桩(碎石桩、砂石桩等)进行地基处理是错误的

流塑状黏土、欠固结淤泥等软弱土的土体不排水抗剪强度及竖向承载力均很低,在复合地基受压时,桩间土分担的上部荷载很小。同时桩间土无法给散体桩提供可靠的侧向约束,造成桩体沉降量很大。复合地基的承载力与变形控制无法满足设计要求。

《建筑地基处理技术规范》(JGJ 79)、《复合地基技术规范》(GBT 50783)对各种地基处理方法的适用范围有明确规定。在选择地基处理方法时,应根据规范要求,结合地方工程经验,针对土层实际情况,合理确定处理方法。对于本地区无工程经验的处理方法,应先做试验,验证其处理效果。对于流塑状软弱土,可采用高压旋喷桩或其他经验证的方法进行处理。

51.复合地基设计时,没有明确要求施工前先做试验,以确定复合地基承载力特征值

由于场地土类型多种多样,复合地基增强体材料各不相同,增强体与地基土共同作用机制差异很大,处理后的复合地基实际承载力离散度较大。《建筑地基处理技术规范》(JGJ 79)、《复合地基技术规范》(GBT 50783)均明确要求在有代表性的场地上进行相应的现场试验或试验性施工,并进行必要的测试,以检验设计参数和处理效果。复合地基承载力特征值应通过复合地基静载荷试验或采用增强体静载荷试验结果和其周边土的承载力特征值结合经验确定。应特别注意,规范中的复合地基承载力特征值计算公式是估算公式,仅用于初步设计阶段。

52.采用刚性桩(CFG)复合地基进行地基处理时,仅计算单桩及复合地基承载力,没有计算桩身承载力是错误的

由于场地土类型、地下水情况、混凝土浇筑方法的不同,刚性桩实际桩体混凝土强度与常规施工条件下普通混凝土强度存在较大差异,需要按照《建筑地基处理技术规范》(JGJ 79)相关要求进行桩身强度验算。特别对于单桩承载力特征值较高的情况,此时桩身强度是复合地基承载能力的主控因素。如果基础设计时考虑地基承载力深度修正,还应按桩体实际受力验算桩身强度。《建筑地基处理技术规范》(JGJ 79)第7.1.6条规定:有黏结强度复合地基增强体桩身强度应满足式(7.1.6-1)的要求。当复合地基承载力进行基础埋深的深度修正时,增强体桩身强度应满足式(7.1.6-2)的要求。

53. 设计载体桩时按大直径灌注桩要求限定最小桩长,造成浪费和施工困难

在山区地基中,往往出现基础埋深在3~5 m且持力层标高变化较大的情况,遇地下水丰富时,采用天然地基施工难度较大且不经济。载体桩由于其造价低、施工方便、承力高,在山区地基中被广泛应用。根据《载体桩技术标准》(JGJT 135),其计算理论按天然地基计算公式进行计算,桩长包含混凝土桩身长度和载体高度,混凝土桩身部分可不进入持力层,载体底进入稳定的持力层即可。设计载体桩时,执行大直径灌注桩的要求是错误的。

54. 山坡地的建筑地基持力层为岩石,岩石坡度大于15度时没有采取抗滑移措施

处于山坡地的建筑,当基础持力层为坡度大于15度的岩石时,建筑物存在沿岩层顶面滑移破坏的可能性,应采取抗滑移措施。当基础持力层为很薄的上覆土层,下卧岩石层坡度较大时,尤其需要合理选择基础持力层,并采取可靠抗滑移措施,以免出现重大安全隐患。

55. 室外工程中,挡土墙选型仅标明图集号,没有具体做法

设计人员对挡土墙设计重视程度不足,往往仅在室外工程总平面中标注墙体材料(砖砌、毛石、混凝土)和图集编号,由施工单位自行选型,造成很大安全隐患。

重力式挡土墙的选型应综合考虑挡土高度、墙底土层承载力、墙背土层类别、墙顶荷载等因素,从图集中选择适用于本工程的做法。当工程实际情况不属于图集适用范围时,应做专门的挡土墙计算与设计。

56. 位于稳定土坡坡顶的建筑,采用独基或条基时没有充分考虑基础对边坡稳定的不利影响

在山区地基中,因场地受限,经常会出现靠近坡顶建设的情况。为避免因为坡顶建筑新增附加荷载对稳定土坡造成不利影响,导致边坡失稳、滑坡等破坏,按《建筑地基基础设计规范》(GB 50007)第5.4.2条要求,位于稳定土坡坡顶的条形基础或矩形基础,当垂直于坡顶边缘线的基础底面边长小于或等于3 m时,土坡坡顶距基础边缘的距离应通过计算确定并不应小于2.5 m。当不能满足要求时,可根据基底平均压力按式(5.4.1)确定基础距坡顶边缘的距离和基础埋深。当边坡坡角大于45度、坡高大于8 m时,尚应按式(5.4.1)验算坡体稳定性。见图3-13。

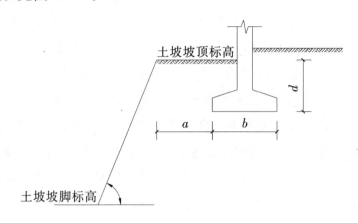

图3-13 验算坡体稳定性

57.对土岩组合地基中下卧基岩面单向倾斜的地基没有做变形验算

土岩组合地基是山区常见的地基形式之一。《建筑桩基技术规范》(JGJ 94)第6.2.2条规定:建筑地基(或被沉降缝分隔区段的建筑地基)的主要受力层范围内,如遇下列情况之一者,属于土岩组合地基:

(1)下卧基岩表面坡度较大的地基;

(2)石芽密布并有出露的地基;

(3)大块孤石或个别石芽出露的地基。

其主要特点是不均匀变形。当地基受力范围内存在刚性下卧层时,会使上覆土体中出现应力集中现象,从而引起土层变形增厚。同一结构单元中,一部分基础基底为岩石,一部分基础基底为土层,两者压缩模量差异很大,容易因为地基不均匀沉降造成建筑物损坏。基础设计时,应进行地基变形验算,查明各基础沉降差异程度,并采取在岩石地基部分设置砂石褥垫层等方法减少基础沉降差对上部结构的不利影响。当地基受力范围内存在坡度较大的下卧基岩时,由于基底上覆土层厚度变化较大,会引起基底土层出现明显的不均匀沉降。按《建筑桩基技术规范》(JGJ 94)第6.2.2条规定,当下卧基岩坡面不满足允许坡度值时,应考虑刚性下卧层的影响,进行变形验算;在岩土界面上存在软弱层(如泥化带)时,应验算地基的整体稳定性;当土岩组合地基位于山间坡地、山麓洼地或冲沟地带,存在局部软弱土层时,应验算软弱下卧层的强度及不均匀变形。

58. 在采煤沉陷区场地进行房屋工程建设,没有考虑场地残余变形的不利影响

随着城市建设的发展,城市建设区逐步扩大。对于煤炭矿业城市,为满足城市建设用地需要,原有老城区周边因采煤沉陷形成的塌陷区也转化为城市建设用地。在矿区停止采煤后,地下采煤区域上部土体塌陷,形成采煤沉陷区,称为下沉盆地。当采煤引起的移动与变形稳定后,岩体内大致分为"三带",即垮落带、裂隙带和弯曲带。描述地表移动盆地内移动和变形的指标有下沉、倾斜、曲率、水平移动和水平变形等。在采煤沉陷区地表变形基本稳定后,此处可以作为规划建设用地。采煤沉陷区地表变形在一定时段内会长期存在,称为场地残余变形。场地残余变形主要分为残余沉降、残余倾斜变形、水平拉伸压缩变形、地表曲率变形等4种形式。

(1)地表下沉和水平移动对建(构)筑物的影响

地表大面积、平缓、均匀的下沉和水平移动,一般对建(构)筑物影响很小,不致引起建(构)筑物破坏,故不作为衡量建(构)筑物破坏的指标。如建(构)物位于盆地的平底部分,最终将呈现出整体移动,建(构)筑物各部件不产生附加应力,仍可保持原来的形态。但当下沉值很大时,有时也会带来严重的后果,特别是在地下水位很高的情况下,地表沉陷后盆地积水,使建(构)筑物淹没在水中,即使其不受损害也无法使用。非均匀的下沉和水平移动,对工农业和交通线路等有不利影响。

(2)地表倾斜对建(构)筑物的影响

下沉盆地内非均匀下沉引起的地表倾斜,会使位于其范围内的建(构)筑物歪斜,特别是对底面积很小而高度很大的建(构)筑物,如水塔、烟囱、高压线铁塔等,影响更为严重。倾斜会使公路、铁路、管道、地面上下水系统等的坡度遭到破坏,从而影响它们的正常工作状态。

(3)地表曲率变形对建(构)筑物的影响

曲率变形表示地表倾斜的变化程度。建(构)筑物位于正曲率(地表上凸)和负曲率(地表下凹)的不同部位,其受力状态和破坏特征也不相同。前者是建(构)筑物中间受力大,两端受力小,甚至处于悬空状态,产生破坏时,其裂缝形状为倒"八"字;后者是中间部位受力小,两端处于支撑状态,其破坏特征为正"八"字形裂缝。曲率变形引起的建(构)筑物上附加应力的大小,与地表曲率半径、土壤物理力学性质和建(构)筑物特征有关。一般是随曲率半径的增大,作用在建(构)筑物上的附加应力减小;随建(构)筑物长度、底面积的增大,建(构)筑物产生的破坏也相应加大。

(4)地表水平变形对建(构)筑物的影响

地表水平变形是引起建(构)筑物破坏的重要因素。地表水平拉伸压缩变形通过基础传递到建(构)筑物上部结构,给上部结构较大的附加作用,造成围护结构变形、开裂,主体结构开裂、损坏的不利结果。水平变形对建(构)筑物的影响程度与地表变形值的大小,建(构)筑物的长度、平面形状、结构、建筑材料、建造质量、建筑基础特点,建(构)筑物和采空区的相对位置等因素有关。其中地表变形值的大小及其分布,又受开采深度、开采厚度、开采方法、顶板管理方法、采动程度、岩性、水文地质条件、地质构造等因素的影响。场地残余变形值的大小取决于停采后塌陷时间、采煤层厚度、采煤区域上部土体厚度、采煤区域与场地相对位置关系等。

59. 在采煤沉陷区场地进行房屋工程结构设计,没有针对场地残余变形采取结构抗变形措施

在采煤沉陷区进行基础设计,不仅需要依据地质勘探报告,更需要依据《地质灾害评估报告》《采煤沉陷区场地稳定性评价报告》中对场地地震安全性的评价、建设适宜性、采煤沉陷区对建筑工程的影响、场地残余变形预估值等内容合理确定基础形式,采取准确的计算模型及有效的加强措施。对于老采空区内新建建(构)筑物,除进行建筑物布局的调整(减少建筑物长度、建筑物长向宜平行于沉降等值线)外,新建建(构)筑物还要采取能够抵抗地表残余移动变形的抗变形结构技术措施,才能确保新建建(构)筑物的安全使用。抗变形结构技术措施包括吸收地表移动变形的柔性措施和抵抗地表移动变形的刚性措施,刚柔措施相结合,使抗变形结构建(构)筑物能够经受各种采动(空)移动变形的作用而不破坏,确保建(构)筑物今后长期安全正常使用。采取的主要抗变形技术措施简述如下:

(1)变形缝

变形缝是设计采动区建(构)筑物时采用的基本措施之一,是保护采动区建(构)筑物免受损坏、经济而有效的方法。当建(构)筑物平面形状为L形或高度有较大变化时,地表变形可能使其平面转折处或高度变化处产生应力集中而破坏,因此在转折处或高度变化处宜设置变形缝。另外,采动区建(构)筑物附加轴力与建(构)筑物长度成正比,因此减小建(构)筑物单体长度是降低附加内力值最有效的方法。变形缝应从基础至屋顶全部分开,被变形缝分开的各单体体形应力求简单,避免立面高低起伏和平面凹凸曲折。

（2）基础

采动（空）影响的建（构）筑物基础,不仅向地基传递竖向荷载,还要承受由于地表采动变形作用而产生的水平荷载。因此应优先选用筏板基础、交叉梁式基础等水平刚度较大的基础形式,抵抗地表水平变形,减少其对上部结构的不利影响。采用独立基础的建（构）筑物,应采用钢筋混凝土联系梁,把同一单体内的独立基础连成一体,以防止各独立基础独立移动;钢筋混凝土基础圈梁和联系梁的配筋要按地表变形值的大小计算配置。在满足承载力前提下,基础应尽可能浅埋,并根据建（构）筑物的实际情况,在基础设置水平滑动层,且同一单体水平滑动层设置在同一标高上。如果必须采用桩基础时,应考虑地表水平变形对桩的附加作用。

（3）上部结构

为增加新建建（构）筑物整体刚度,提高抵抗地表变形的能力,应根据地表变形值的大小,相应地增大上部结构的强度和刚度,梁板柱配筋应考虑地表残余变形的不利影响。

（4）采空区地基处理

由于外部条件制约,必须在地表残余变形值很大的新近稳沉场地进行工程建设时,可以采取对采空区进行注浆充填的技术措施,消除地表残余变形对建（构）筑物的不利影响。

第四章 钢筋混凝土结构

1. 抗震钢筋没有采用带"E"牌号的钢筋

带"E"牌号的钢筋又称"抗震钢筋",其材料性能指标优于普通钢筋。抗震钢筋主要用在抗震等级为一、二、三级框架和斜撑构件(包括梯段)的纵向受力钢筋。除了上述范围以外的钢筋既可以采用普通钢筋,也可以采用抗震钢筋。抗震钢筋优于普通钢筋的性能指标有以下三点:

(1)"钢筋的抗拉强度实测值与屈服强度实测值的比值不应小于1.25",是为了保证当构件出现塑性铰时,塑性铰部位有足够的转动能力与耗能能力。

(2)"钢筋的屈服强度实测值与屈服强度标准值的比值不应大于1.3",主要是为了保证钢筋屈服强度离散性不要太大,以免破坏形态的改变,比如保证"强柱弱梁"。

(3)"钢筋在最大拉力下的总伸长率实测值不应小于9%",主要是为了保证在地震大变形情况下钢筋仍具有足够的塑性变形能力。

2. 结构的安全等级与建筑抗震设防类别两种概念混淆

结构的安全等级与抗震设防类别是两种不同的概念。结构安全等级是根据结构破坏可能产生的后果,即危及人的生命、造成经济损失、对社会或环境产生影响等的严重性,采用不同的安全等级。安全等级分为一、二、三级,其对应的结构重要性系数 γ_0 分别取 1.1、1.0、0.9。抗震设防类别是根据建筑遭遇地震破坏后,可能造成人员伤亡、直接和间接经济损失、对社会影响程度和其在抗震救灾中的作用等因素,对各类建筑所做的设防类别划分,分为甲、乙、丙、丁4类,不同设防类别的地震作用重要性系数 γ_I 对甲、乙类建筑取大于1.0,对量大面广的丙类建筑取1.0;需注意的是地震作用重要性系数 γ_I 在抗震设计中通过采用不同的抗震措施来实现,不需要重复考虑。《建筑抗震设计规范》(GB 50011)根据地震作用的特点、抗震设计的现状以及《建筑工程抗震设防分类标准》(GB 50223)与《工程结构可靠性设计统一标准》(GB 50153)中安全等级的差异,对建筑重要性的处理采用不同的抗震措施来实现。

3. 结构抗震设计时错把抗震构造措施等同于抗震措施

抗震构造措施与抗震措施两者既有联系又有区别。"抗震措施"是指除了地震作用计算和构件抗力计算以外的抗震设计内容,包括建筑总体布置、结构选型、地基抗液化措施、考虑概念设计对地震作用效应(内力和变形等)的调整,以及各种抗震构造措施。这里的地震作用计算是指地震作用标准值的计算,不包括地震作用效应(内力和变形)设计值的计算,不等同于抗震计算。"抗震构造措施"是指根据抗震概念设计的原则,一般不需计算而对结构和非结构各部分必须采取的各种细部构造,如构件尺寸、高厚比、轴压比、长细比、板件宽厚比,构造柱、圈梁的布置和配筋,纵筋配筋率、箍筋配箍率、钢筋直径、间距等构造以及连接要求等。

4. 单建式地下钢筋混凝土结构的抗震等级取值错误

某8度区丙类建筑,单建式地下钢筋混凝土结构的抗震等级取四级。抗震规范对抗震等级的确定对于地下室可以适当降低。单建式地下建筑物的抗震等级、抗震构造措施根据《建筑抗震设计规范》(GB 50011)第14.1.4条规定,丙类钢筋混凝土地下结构的抗震等级6度、7度时不应低于四级,8度、9度时不宜低于三级。乙类钢筋混凝土地下结构的抗震等级6度、7度时不宜低于三级,8度、9度时不宜低于二级。另外《地下结构抗震设计标准》(GBT 51336)第7.1.3条规定地下单体结构抗震等级应符合表4-1的要求。

表4-1　地下单体结构的抗震等级

抗震设防类别	设防烈度			
	6度	7度	8度	9度
甲 类	三级	二级	一级	专门研究
乙 类	三级	三级	二级	一级
丙 类	四级	三级	三级	二级

注:①抗震设防烈度为9度时,甲类地下单体结构的抗震等级应进行专门研究论证;
　　②甲类和乙类地下单体结构依据本表确定抗震等级时无须再提高设防烈度。

故本例单建式地下钢筋混凝土结构的抗震等级应取三级。

5. 框架-抗震墙结构中,未考虑框架部分在规定的水平力作用下,结构底层承担的地震倾覆力矩比的因素,简单按照框-剪结构确定抗震等级

框架-抗震墙结构的抗震等级、构造措施如何确定呢?《建筑抗震设计规范》(GB 50011)表6.1.2和《高层建筑混凝土结构技术规程》(JGJ 32002)

表3.9.3仅涉及房屋的高度和设防烈度,然而确定框架-抗震墙结构抗震等级不仅仅取决于这两点,而且还取决于在规定水平力作用下底层框架部分所承担的地震倾覆力矩比例。《建筑抗震设计规范》(GB 50011)第6.1.3条第1款规定:设置少量抗震墙的框架结构在规定的水平力作用下底层框架部分所承担的地震倾覆力矩大于结构总地震倾覆力矩的50%时,其框架的抗震等级应按框架结构确定,抗震墙的抗震等级可与其框架的抗震等级相同。《高层建筑混凝土结构技术规程》(JGJ 32002)第8.1.3条规定:抗震设计的框架-剪力墙结构应根据在规定的水平力作用下结构底层框架部分承受的地震倾覆力矩与结构总地震倾覆力矩的比值确定相应的设计方法,并应符合下列规定:

(1)框架部分承受的地震倾覆力矩不大于结构总地震倾覆力矩的10%时,按剪力墙结构进行设计,其中的框架部分应按框架-剪力墙结构的框架进行设计。

(2)当框架部分承受的地震倾覆力矩大于结构总地震倾覆力矩的10%,但不大于50%时,按框架-剪力墙结构进行设计。

(3)当框架部分承受的地震倾覆力矩大于结构总地震倾覆力矩的50%,但不大于80%时,按框架-剪力墙结构进行设计,其最大适用高度可比框架结构适当增加,框架部分的抗震等级和轴压比限值宜按框架结构的规定采用。

(4)当框架部分承受的地震倾覆力矩大于结构总地震倾覆力矩的80%时,按框架-剪力墙结构进行设计,但其最大适用高度宜按框架结构采用,框架部分的抗震等级和轴压比限值应按框架结构的规定采用。

所以,框架-抗震墙结构的抗震等级还应根据结构底层框架部分承担的总地震倾覆力矩的比例来确定。

6. 后浇带(包括地下室后浇带)的构造错误

后浇带是在建筑施工中为防止现浇钢筋混凝土结构由于自身收缩变形或沉降不均可能产生的有害裂缝,按照设计或施工规范要求,在基础底板、墙、梁、顶板相应位置留设的临时施工缝。实际工程中后浇带预留位置是否正确、构造是否合理将直接关系到结构预期目标能否实现。因此,后浇带宜满足以下几点要求:

(1)后浇带的宽度不宜小于800 mm;

(2)后浇带宜设置在距支座$\frac{1}{3}$净跨处或受力及变形较小处;

(3)后浇带可布置成折(曲)线形式;

(4)沉降后浇带应沿地下室结构的底板、楼板(顶板)、墙体连续封闭设置;

(5)后浇带内钢筋可以采用先断开后搭接的方式(《高层建筑混凝土结构技术规程》要求)。

7. 非框架梁、井字梁上部纵向钢筋在端支座的水平锚固长度不满足 0.6 l_{ab} 或 0.35 l_{ab} 的锚固长度要求

为了有效发挥钢筋的抗拉强度,非框架梁、井字梁上部纵向钢筋在端支座的水平锚固长度应满足 0.6 l_{ab}(充分利用钢筋的抗拉强度)或 0.35 l_{ab}(按铰接设计)要求。当不满足时可采取以下措施:

(1)减小非框架梁、井字梁上部纵向钢筋直径;

(2)梁截面高度较小时按铰接设计;

(3)按照《混凝土结构设计规范》(GB 50010)第 8.3.2 条第 4 款规定进行折减;

(4)端部设置梁头或挑板(上部纵筋伸入挑板内)。

8. 框架结构和框架-抗震墙结构,当柱中线与抗震墙中线、梁中线与柱中线偏心距较大时,设计未考虑其偏心对结构的不利影响

抗震设计时梁中线与柱中线之间、柱中线与抗震墙中线之间有较大偏心距时,在地震作用下可能导致核心区抗剪承载力不足。根据《建筑抗震设计规范》(GB 50011)第 6.1.5 条规定,框架结构和框架-抗震墙结构中柱中线与剪力墙中线、梁中线与柱中线之间偏心距大于柱宽的 $\frac{1}{4}$ 时,应计入偏心的影响。《高层建筑混凝土结构技术规程》(JGJ 32002)第 6.1.7 条规定:框架梁、柱中心线宜重合。当梁柱中心线不能重合时,在计算中应考虑偏心对梁柱节点核心区受力和构造的不利影响,以及梁荷载对柱子的偏心影响。梁、柱中心线之间的偏心距,9 度抗震设计时不应大于柱截面在该方向宽度的 $\frac{1}{4}$;非抗震设计和 6~8 度抗震设计时不宜大于柱截面在该方向宽度的 $\frac{1}{4}$,如偏心距大于该方向柱宽的 $\frac{1}{4}$ 时,可采取增设梁的水平加腋等措施。设置水平加腋后,仍需考虑梁柱偏心的不利影响。框架梁水平加腋方法可参照图 4-1。

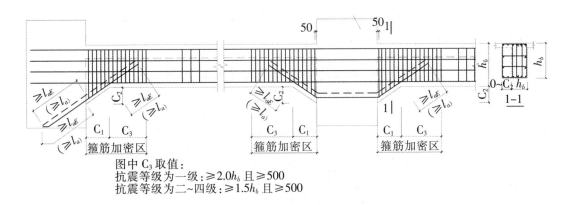

图中 C_3 取值：
抗震等级为一级：$\geq 2.0h_b$ 且 ≥ 500
抗震等级为二~四级：$\geq 1.5h_b$ 且 ≥ 500

图 4-1 框架梁水平加腋构造

9. 抗震设计的框架梁梁端受拉钢筋配筋率大于 2% 时,箍筋最小直径没有按规定增大 2 mm

抗震设计时,当框架梁端纵向受拉钢筋配筋率较大时,为了提高框架梁端部的塑性转动能力,梁端箍筋最小直径数值应适当增大。因此《建筑抗震设计规范》(GB 50011)第 6.3.3 条第 3 款规定,梁端箍筋加密区的长度、箍筋最大间距和箍筋最小直径应按表 4-2 采用。当梁端纵向受拉钢筋配筋率大于 2% 时,表中箍筋最小直径数值应增大 2 mm。

表 4-2 梁端箍筋加密区的长度、箍筋的最大间距和最小直径

抗震等级	加密区长度 (采用较大值)(mm)	箍筋最大间距 (采用最小值)(mm)	箍筋最小直径(mm)
一级	$2h_b$,500	$h_b/4,6d,100$	10
二级	$1.5h_b$,500	$h_b/4,8d,100$	8
三级	$1.5h_b$,500	$h_b/4,8d,150$	8
四级	$1.5h_b$,500	$h_b/4,8d,150$	6

注：①d 为纵向钢筋直径,h_b 为梁截面高度;

②箍筋直径大于 12 mm、数量不少于 4 肢且肢距不大于 150 mm 时,一、二级的最大间距应允许适当放宽,但不得大于 150 mm

10. 抗震设计的连梁端部纵向配筋率大于 2% 时,箍筋最小直径没有按规定增大 2 mm

抗震设计时,当连梁端纵向受拉钢筋配筋率较大时,为了提高连梁端部的塑性转动能力,梁端箍筋最小直径数值应适当增大。因此《混凝土结构设计规范》(GB 50010)第 11.7.11 条第 3 款和第 11.3.6 条第 3 款规定,梁端箍筋的加密区长度、箍筋最大间距和箍筋最小直径应按表4-3采用;当梁端纵向受拉钢筋配筋率大于2%时,表中箍筋最小直径应增大2 mm。

表4-3　框架梁梁端箍筋加密区的构造要求

抗震等级	加密区长度(mm)	箍筋最大间距(mm)	箍筋最小直径(mm)
一级	2倍梁高和500中的较大值	纵向钢筋直径的6倍,梁高的1/4和100中的最小值	10
二级	1.5倍梁高和500中的较大值	纵向钢筋直径的8倍,梁高的1/4和100中的最小值	8
三级		纵向钢筋直径的8倍,梁高的1/4和150中的最小值	8
四级		纵向钢筋直径的8倍,梁高的1/4和150中的最小值	6

注:箍筋直径大于12 mm、数量不少于4肢但肢距不大于150 mm时,一、二级的最大间距应允许适当放宽,但不得大于150 mm。

11. 地下室顶板作为上部结构的嵌固部位时,下层柱中多出的钢筋直接锚入上层柱内,导致地下室框柱与上层框柱每边纵筋数量比值不满足1.1倍要求

地下室顶板作为上部结构的嵌固部位时,地下一层柱截面每边纵向钢筋数量不应小于地上柱对应纵向纵筋的1.1倍,因此下层柱中多出钢筋不应伸至嵌固端以上进行锚固,应采用图4-2做法。

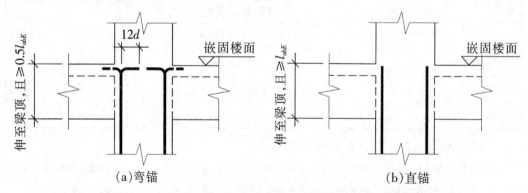

(a)弯锚　　　　　　　　　　(b)直锚

图4-2　地下室顶板作为上部结构的嵌固部位时的做法

12. 超长混凝土结构抗裂构造钢筋不满足要求

超长混凝土结构抗裂钢筋除应满足计算外,还应符合以下几点要求:

(1)楼板中抵抗收缩变形的钢筋应通长设置。通长钢筋可利用原结构的钢筋也可另外设置构造钢筋并与结构钢筋按受拉钢筋要求进行搭接。

(2)超长方向的梁两侧腰筋间距不宜大于150 mm,每侧腰筋的截面面积不宜小于腹板面积的 0.15%。

（3）钢筋配置宜细而密。钢筋间距：地下室底板、楼板不宜大于 200 mm，地下室顶板、外墙及屋面板不宜大于 150 mm。

（4）楼板平面的颈缩部位宜适当增加板厚和提高配筋率。

（5）沿板的洞口边、凹角部位及楼、电梯井筒周边楼板中宜适当增加抗裂构造钢筋。

13. 上层柱配筋比下层柱大时，上层柱钢筋没有锚入下层柱内

柱一般为压弯构件，如果上层柱承受弯矩大，那么配筋也可能会比下层柱子大。框架节点的梁柱杆件所承受的弯矩的，按杆件自身线刚度所占比例来分配，所以上层柱是有可能分配到更多的弯矩的，尤其是大跨度框架顶层边柱，此时下层柱的配筋可能比顶层柱小，但上柱比下柱多出的钢筋应锚入下柱，避免上柱柱根抗弯承载力不足。上层柱比下层柱钢筋多或钢筋直径大时的构造做法详见图 4-3。

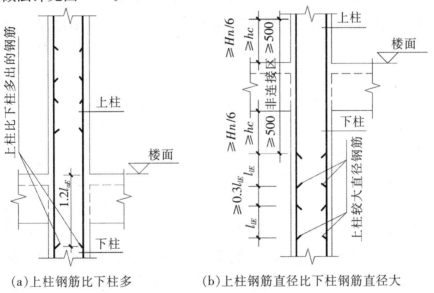

（a）上柱钢筋比下柱多　　　　（b）上柱钢筋直径比下柱钢筋直径大

图 4-3　两种情况

14. 采用单跨框架时未采取必要的抗震加强措施

《建筑抗震设计规范》（GB 50011）第 6.1.5 条规定限制单跨框架的使用范围，当实际工程中不可避免采用单跨框架时，应根据具体情况采取不同的抗震加强措施：

（1）多层丙类建筑采用单跨框架结构时，应采取比规范更严格的设计措施，必要时进行抗震性能化设计；

（2）甲、乙类建筑以及高层丙类建筑，应避免采用单跨框架，当无法避免时，应进行抗震性能化设计；

(3)多、高层建筑不应采用大跨单跨结构。

15. 对"大跨度框架"适用范围的规定不了解

首先规范中并没有规定"大跨度框架结构"这一结构类型，因此"大跨度框架结构"指的是构件而不是体系。同时《建筑抗震设计规范》(GB 50011)第6.1.2条规定："大跨度框架"是指框架结构体系中的跨度不小于18 m的框架。因此框架结构体系以外的结构类型中并未对"大跨度框架"提出要求。当框架结构体系中某框架梁的跨度达到18 m或以上时，该梁及与其相连的下层柱所构成的框架称为"大跨度框架"。"大跨度框架"及其延伸至下一层的框架柱应按"大跨度框架"确定抗震等级。

16. 框架柱为短柱或超短柱时，按普通柱控制其轴压比限值

限制框架柱的轴压比主要是为了保证柱的塑性变形能力和保证框架的抗倒塌能力。对于剪跨比不大于2的框架柱，应适当降低轴压比限值以提高抗震能力，因此《建筑抗震设计规范》(GB 50011)第6.3.6条规定：剪跨比不大于2的柱，轴压比限制应降低0.05；剪跨比小于1.5的柱，轴压比限制应专门研究并采取特殊构造措施。

17. 剪跨比小于1.5的超短柱，设计仅将箍筋全高加密，没有采取其他有效抗震措施

剪跨比小于1.5的超短柱，在地震作用下会产生较大剪力，容易产生斜向或交叉的剪切裂缝，呈脆性破坏，设计应尽量避免。当不可避免时，应采取特殊的加强措施，比如采取增设交叉斜筋、外包钢板箍、设置型钢等措施。

18. 某抗震等级为二级的多层框架结构中存在一短柱，短柱剪跨比 λ 为1.8，截面尺寸为 500×500、纵筋 12A16、箍筋 A10@100，箍筋间距不满足构造要求

试验和震害表明短柱在地震作用下易发生黏结型剪切破坏和对角斜拉型剪切破坏。《建筑抗震设计规范》(GB 50011)第6.3.7条第3款规定：框支柱和剪跨比不大于2的框架柱箍筋间距不应大于100 mm。第6.3.9条第3款规定：剪跨比不大于2的柱宜采用复合螺旋箍或井字复合箍，其体积配箍率不应小于1.2%，9度一级时不应小于1.5%。《高层建筑混凝土结构技术规程》(JGJ 32002)第6.4.3条第3款规定：剪跨比不大于2的柱箍筋间距不应大于100 mm。因此本例中短柱箍筋间距取100看似符合规范要求，但是根据《混凝土结构设计规范》(GB 50010)第11.4.12条第3款规定，框支柱和剪跨比不大于2的框架柱应在柱全高范围内加密箍筋，且箍筋间距应符合本条第2款一级抗震等级的要求;《混凝土结构设计规范》(GB 50010)第 11.4.12 条第 2 款内容规定,框架柱和框支柱上、下两端箍筋应加密,加密区的箍筋最大间距和箍筋最小直径应符合表 4-4 的规定。

表 4-4　柱端箍筋加密区的构造要求

抗震等级	箍筋最大间距(mm)	箍筋最小直径(mm)
一级	纵向钢筋直径的 6 倍和 100 中的较小值	10
二级	纵向钢筋直径的 8 倍和 100 中的较小值	8
三级	纵向钢筋直径的 8 倍和 150(柱根 100)中的较小值	8
四级	纵向钢筋直径的 8 倍和 150(柱根 100)中的较小值	6(柱根 8)

注:柱根系指底层柱下端的箍筋加密区范围。

因此本例中短柱箍筋加密区间距为 100>96(6d)是不满足《混凝土结构设计规范》(GB 50010)第 11.4.12 条第 3 款规定的,箍筋应改为 A10@95 或 A10@90。

19. 抗震等级为一、二、三级的框架梁,设计时没有考虑框架梁端截面的底部和顶部纵向受力钢筋截面面积的比值要求

梁端底面和顶面纵向钢筋的比值对梁的变形能力有较大影响。梁端底面的钢筋可增加负弯矩时的塑性转动能力,还能防止在地震中梁底出现正弯矩时过早屈服或破坏过重,从而影响承载力和变形能力的正常发挥。因此《建筑抗震设计规范》(GB 50011)第 6.3.3 条第 2 款规定:梁端截面的底部和顶面纵向钢筋配筋量的比值除按计算确定外,一级不应小于 0.5,二、三级不应小于 0.3。详见图 4-4。

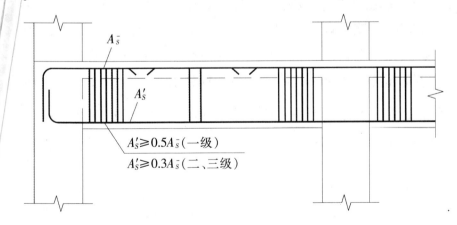

图 4-4　框架梁端截面底部和顶面纵向钢筋配筋量比值示意图

20. 框架柱不做区分,一律按强柱弱梁设计

强柱弱梁指的是使框架结构塑性铰出现在梁端的设计要求,用以提高结构的变形能力,防止在强烈地震作用下倒塌。那么是不是所有的框架柱都要满足强柱弱梁的设计要求呢? 根据《建筑抗震设计规范》(GB 50011)第 6.2.2 条规定,一、二、三、四级框架的梁柱节点处,除框架顶层和柱轴压比小于 0.15 者及框支梁与框支柱的节点外,柱端组合的弯矩设计值应符合下式要求:$\sum M_c = \eta_c \sum M_b$。

框架顶层柱和轴压比小于 0.15 的柱因有较大的变形能力,故不考虑强柱弱梁要求;框支梁与框支柱的节点一般难以实现强柱弱梁要求,故可不验算而是通过抗震措施来保证。

21. 与框架主体结构整浇的楼梯构件没有进行抗震设计

楼梯作为主体结构的一部分,应按与主体结构相同的抗震要求进行设计,并采取相应抗震构造措施。《建筑抗震设计规范》(GB 50011)第 3.6.6 条第 1 款规定:计算模型的建立、必要的简化计算与处理,应符合结构的实际工作状况,计算中应考虑楼梯构件的影响。第 6.1.15 条第 2 款规定:对于框架结构,楼梯间的布置不应导致结构平面特别不规则;楼梯构件与主体结构整浇时,应计入楼梯构件对地震作用及其效应的影响,应进行楼梯构件的抗震承载力验算;宜采取构造措施减少楼梯构件对主体结构刚度的影响。楼梯平台处梯梁、梯柱箍筋直径及间距应符合相同抗震等级的框架梁、框架柱加密区的箍筋设置要求。

22. 某抗震等级为二级的框架结构,梁顶面通长钢筋配置 2A12 构造错误

为了保证钢筋笼的刚度和整体性,《建筑抗震设计规范》(GB 50011)第 6.3.4 条规定:沿梁全长顶面和底面至少应各配置两根通长的纵向钢筋,对一、二级抗震等级,钢筋直径不应小于 14 mm,且分别不应少于梁两端顶面和底面纵向受力钢筋中较大截面面积的 $\frac{1}{4}$;对三、四级抗震等级,钢筋直径不应小于 12 mm。详见图 4-5。

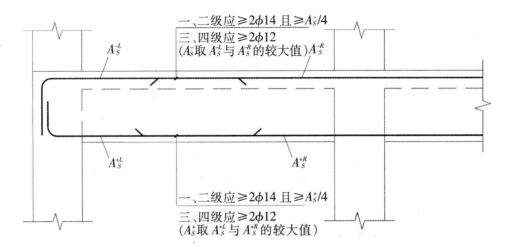

图 4-5　框架梁顶面、底面通长钢筋配筋数量示意图

23. 跨高比不大于 2.5 的连梁,腰筋配筋率按普通梁规定设计

为了防止较小跨高比的连梁出现剪切斜裂缝后发生脆性破坏和减少梁腹板范围内的侧面产生垂直于梁轴线的收缩裂缝,《高层建筑混凝土结构技术规程》(JGJ 32002)第 7.2.27 条第 4 款规定:跨高比不大于 2.5 的连梁,其两侧腰筋的总面积配筋率不应小于 0.3%。对于一般梁,为了控制在梁腹板范围内的侧面产生垂直于梁轴线的收缩裂缝。《混凝土结构设计规范》(GB 50010)第 9.2.13 条规定:梁的腹板高度不小于 450 mm 时,梁的腰筋总配筋率不应小于腹板截面面积的 0.2%。因此对于较小跨高比的连梁,其腰筋配筋率是高于一般梁规定要求的。

24. 剪力墙构造边缘构件箍筋及竖向钢筋配置不满足要求

构造边缘构件的箍筋、纵向钢筋配置除满足计算要求外,尚应满足《高层建筑混凝土结构技术规程》(JGJ 32002)表 7.2.16 规定的最小配筋要求,最小配筋应符合表 4-5 规定。

表 4-5　剪力墙构造边缘构件的最小配筋要求

抗震等级	底部加强部位		
	竖向钢筋最小量 (取较大值)	箍筋	
		最小直径(mm)	沿竖向最大间距(mm)
一	0.010A_C,6A16	8	100
二	0.008A_C,6A14	8	150
三	0.006A_C,6A12	6	150
四	0.005A_C,4A12	6	200

抗震等级	竖向钢筋最小量 （取较大值）	其他部位	
		拉筋	
		最小直径（mm）	沿竖向最大间距（mm）
一	$0.008A_c$,6A14	8	150
二	$0.006A_c$,6A12	8	200
三	$0.005A_c$,4A12	6	200
四	$0.004A_c$,4A12	6	250

注:①A_c为构造边缘构件的截向面积;

　　②符号 A 表示钢筋直径;

　　③其他部位的转角处宜采用箍筋。

25. 短柱、框支柱及一、二级框架角柱箍筋没有全高加密

短柱、框支柱及角柱受力复杂,为了提高弹塑性变形能力,除了控制轴压比以外,还应提高箍筋对混凝土的约束能力。根据《建筑抗震设计规范》(GB 50011)第 6.3.9 条规定,以下情况柱箍筋应全高加密:

(1)剪跨比不大于 2 的柱;

(2)因设置填充墙等形成的柱净高与柱截面高度之比不大于 4 的柱;

(3)框支柱;

(4)一级和二级框架的角柱。

26. 按简支计算但实际受部分约束的梁端,没有在支座区上部设纵向构造筋

根据工程经验,在按简支计算但实际上受部分约束的梁端上部,为避免因支座负弯矩造成梁端裂缝,应配置一定数量的纵向构造钢筋。根据《混凝土结构设计规范》(GB 50010)第 9.2.6 条规定,当梁端按简支计算但实际受到部分约束时,应在支座区上部设置纵向构造钢筋,其截面面积不应小于梁跨中下部纵向受力钢筋计算所需截面面积的 $\frac{1}{4}$,且不应少于 2 根。该纵向构造钢筋自支座边缘向跨内伸出的长度不应小于 $\frac{l_0}{5}$,l_0 为梁的计算跨度。

27. 托柱梁在转换层处仅单向设梁,没有采用双向布置

梁托柱转换,宜在托柱位置双向设梁以平衡柱底在转换梁面外的弯矩。因此《高层建筑混凝土结构技术规程》(JGJ 32002)第 10.2.8 条第 9 款规定:托柱转换梁在转换层宜在托柱位置设置正交方向的框架梁或楼面梁。

28. 多梁交于一柱且钢筋排数较多,导致混凝土无法浇捣密实

根据工程经验,一根柱头上梁根数超过 5 根时,柱头钢筋间距就会过小,混凝土难以振捣密实,因此在设计过程中应尽量避免

29. 某偏心受拉的框支梁,支座纵筋配置 28A25,通长筋采用 12A25,少于支座上部钢筋的 50%

偏心受拉的转换梁(如框支梁),截面受拉区域较大甚至全截面受拉,因此除了按结构分析配置钢筋外,加强梁跨中区段顶面纵向钢筋以及梁两侧腰筋是非常必要的。根据《高层建筑混凝土结构技术规程》(JGJ 3)第 10.2.7 条规定,偏心受拉的框支梁的支座上部钢筋至少应有 50% 沿梁全长贯通,下部纵向钢筋应全部直通到柱内;沿梁腹板高度应配置间距不大于 200 mm、直径不小于 16 mm 的腰筋。

30. 梁宽大于柱宽的扁框架梁,梁高取值小于 16 倍的柱纵筋直径

设计采用梁宽大于柱宽的扁梁框架梁时,为了使宽扁梁端部在柱外的纵向钢筋有足够的锚固,宽扁梁的梁高不应过小。根据《建筑抗震设计规范》(GB 50011)第 6.3.2 条规定,宽扁梁的高度 $h_b \geq 16d$(d 为柱纵筋直径)。同时对扁梁应进行挠度和裂缝宽度验算。

31. 当框架柱纵筋采用并筋,梁与柱齐平时,因梁钢筋须从柱钢筋内侧通过,导致柱头交接处梁保护层厚度大于 50 mm,没有采取相应的抗裂构造措施

这种情况一般发生在柱纵筋直径较大,尤其是柱纵筋采用并筋设计时,因梁纵筋需向内侧弯折的原因而导致柱头交接处梁保护层厚度过大。根据《混凝土结构设计规范》(GB 50010)第 8.2.3 条规定:当梁、柱、墙中纵向受力钢筋的保护层厚度大于 50 mm 时,宜对保护层采取有效的构造措施。当在保护层内配置防裂、防剥落的钢筋网片时,网片钢筋的保护层厚度不应小于 25 mm。详见图 4-6。

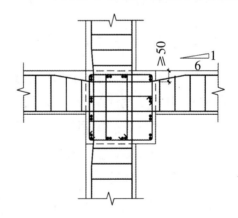

图 4-6 框架梁、柱侧面齐平时箍筋排布示意图

32. 框架梁与圆柱侧面齐平布置时,梁外侧纵筋伸入圆柱内的长度不足

框架梁的上部纵向钢筋直径要满足所在圆柱截面弦长的一定比例,也就是说要求保证梁纵筋在柱子范围内有足够的锚固长度。因此《混凝土结构设

计规范》(GB 50010)第 11.6.7 条第 1 款规定：框架中间层中间节点处框架梁的上部纵向钢筋应贯穿中间节点。贯穿中柱的每根梁纵向钢筋直径,对于 9 度设防烈度的各类框架和一级抗震等级的框架结构,当柱为矩形截面时不宜大于柱在该方向截面尺寸的 $\frac{1}{25}$,当柱为圆形截面时不宜大于纵向钢筋所在位置柱截面弦长的 $\frac{1}{25}$;对一、二、三级抗震等级,当柱为矩形截面时不宜大于柱在该方向截面尺寸的 $\frac{1}{20}$,对圆柱截面不宜大于纵向钢筋所在位置柱截面弦长的 $\frac{1}{20}$。框架梁与圆柱侧面齐平布置时,上述规定很难实现,所以应避免梁与圆柱侧面齐平布置。当实在无法避免时应设置柱帽,且应增大柱帽构造配筋,确保梁纵筋有足够的锚固能力。

33. 贯通中柱的框架梁纵向钢筋直径没有满足大于柱截面尺寸的 1/20 要求

为了保证框架梁的纵向钢筋伸入节点的握裹力要求,《建筑抗震设计规范》(GB 50011)第 6.3.4 条规定:一、二、三级框架梁内贯通中柱的每根纵向钢筋直径,对框架结构不应大于矩形截面柱在该方向截面尺寸的 $\frac{1}{20}$ 或纵向钢筋所在位置圆形截面柱弦长的 $\frac{1}{20}$;对其他结构类型的框架不宜大于矩形截面柱在该方向截面尺寸的 $\frac{1}{20}$ 或纵向钢筋所在位置圆形截面柱弦长的 $\frac{1}{20}$。

34. 框架柱或梁采用并筋时没有按照换算后的等效直径采取构造措施

梁、柱采用并筋设计时应符合《混凝土结构设计规范》(GB 50010)第 4.2.7 条规定,并筋截面积应按单根等效钢筋进行计算,等效钢筋的等效直径应按截面面积相等的原则换算确定。相同直径的二并筋等效直径可取为 1.41 倍单根钢筋直径;相同直径三并筋等效直径可取为 1.73 倍单根钢筋直径。二并筋可按纵向或横向的方式布置,三并筋宜按"品"字形布置并均将并筋的重心作为等效钢筋的重心。采用并筋设计时钢筋间距、保护层厚度、裂缝宽度验算、钢筋锚固长度、搭接接头面积百分率及搭接长度等,需按等效直径进行计算并满足构造要求。

35. 钢筋代换时,仅片面地满足钢筋受拉承载力设计值相等的要求

进行钢筋代换时仅要求按照钢筋受拉承载力设计值相等的原则换算是不够的。根据《混凝土结构设计规范》(GB 50010)第 4.2.8 条规定,当进行钢筋代换时,除应符合设计要求的构件承载力、最大力下的总伸长率、裂缝宽度验算以及抗震规定以外,尚应满足最小配筋率、钢筋间距、保护层厚度、钢筋锚固长度、接头面积百分率及搭接长度等构造要求。

36. 现浇楼盖中跨度较大的次梁,其边支座未考虑扭矩不利影响

现浇楼盖中跨度较大的次梁边支座(边框架梁)应考虑次梁传来扭矩不利影响,边框架梁应按受扭设计并采取相应的抗扭构造措施。

37. 梁同一截面受力钢筋直径级差过大

根据工程试验,梁同一截面受力钢筋直径级差不宜过大。级差过大,受力力臂相差也较大,受力不均性会明显增加,对构件在正常使用状态下的裂缝开展带来不利影响,梁同一截面受力钢筋直径级差一般不宜大于两级。

38. 吊环锚入混凝土中的锚固段长度不足

有效的锚固深度是吊环发挥效能的前提,因此《混凝土结构设计规范》(GB 50010)第9.7.6条第1款规定:吊环锚入混凝土中的深度不应小于$30d$并应焊接或绑扎在钢筋骨架上……当吊环直锚段长度不满足要求时可以采取弯折锚固的方法。《混凝土结构设计规范》(GB 50010)第8.3.3条规定,采用弯钩或机械锚固措施时,包括弯钩或锚固端头在内的锚固长度(投影长度)可取$0.6l_{ab}$。

39. 梁纵向受力钢筋水平方向以及竖向的净间距不符合要求

梁纵向受力钢筋水平以及竖向的净间距基于以下两个因素:第一,为保证钢筋与混凝土两者共同工作受力,钢筋周围应有一定厚度的混凝土包裹层,这样才使混凝土对钢筋提供足够的握裹力;第二,为了施工时保证混凝土的浇筑质量,因此《混凝土结构设计规范》(GB 50010)第9.2.1条规定:梁上部钢筋水平方向净距不应小于30 mm和1.5d;梁下部钢筋水平方向净距不应小于25 mm和d;各层钢筋之间净距不应小于25 mm和d(d为钢筋最大直径,并筋时按等效钢筋直径)。当下部钢筋多于2层时,2层以上钢筋水平方向的中距应比下面2层的中距增大一倍;各层钢筋之间的净间距不应小于25 mm和d(d为钢筋最大直径,并筋时按等效钢筋直径)。

40. 某工程框架梁截面为350×900,支座底筋为6A25,梁箍筋采用A10@100/200(2),箍筋设置错误

根据《混凝土结构设计规范》(GB 50010)第9.2.9条的规定,当梁的宽度大于400 mm且一层内的纵向受压钢筋多于3根时,或当梁的宽度不大于400 mm,但一层内的纵向受压钢筋多于4根时,应设置复合箍筋,见图4-7。

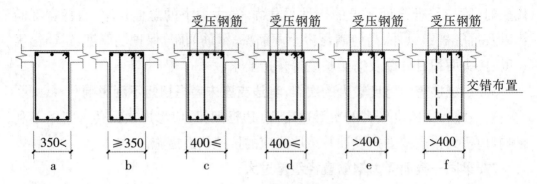

图 4-7 梁箍筋形式

(1)当梁承受剪力较小,$b<350$ mm 时,采用双肢箍,图 4-7a;当梁承受剪力较大,$b\geqslant 350$ mm 时,宜采用复合箍筋,图 4-7b,4 肢或 3 肢。

(2)当梁宽度 $b\leqslant 400$ mm 且一排内的纵向受压钢筋不多于 3 根时,可采用双肢箍;当一排内的纵向受压钢筋多于 4 根时,应设置复合箍筋,当梁承受的剪力较小时,可设置 3 肢箍,见图 4-7c;当梁承受的剪力较大时,可设置 $\geqslant 4$ 肢箍,见图 4-7d。

(3)当梁的宽度 $b>400$ mm 且一排内的纵向受压钢筋多于 3 根时,应设置复核箍筋,见图 4-7e、图 4-7f。

对于抗震设计的框架梁,箍筋加密区范围内的箍筋肢距尚应满足《混凝土结构设计规范》(GB 50010)第 11.3.8 条的规定,梁箍筋加密区长度内的箍筋肢距,一级抗震等级不宜大于 200 mm 和 20 倍箍筋直径的较大值;二、三级抗震等级不宜大于 250 mm 和 20 倍箍筋直径的较大值;各抗震等级下均不宜大于 300 mm。《建筑抗震设计规范》(GB 50011)第 6.3.4 条第 3 款和《高层建筑混凝土结构技术规程》(JGJ 32002)第 6.3.5 条第 2 款均有相同规定。

41.柱中纵向钢筋最小和最大净间距不符合要求

柱中纵向钢筋最小和最大净间距的限制是从施工与受力角度出发的,柱纵筋净间距过密影响混凝土浇筑质量,柱纵筋净间距过疏则难以维持对芯部混凝土的围箍约束。因此《混凝土结构设计规范》(GB 50010)第 9.3.1 条规定:柱中纵向钢筋净距不应小于 50 mm 且不宜大于 300 mm。

42.框架柱纵向受力钢筋的连接接头位置错误

对于框架柱,柱端箍筋加密区及节点核心区是结构的关键部位,为实现"强节点弱构件"的抗震设计要求,纵向受力钢筋连接接头要避开这两个部位。实际工程中当接头位置无法避开柱端箍筋加密区时(注:节点核心区不允许采用任何形式的接头),应采用等强度要求的机械连接接头(Ⅰ级或Ⅱ级),且钢筋接头率不宜超过 50%。

43.框架梁截面的高宽比及跨高比取值不满足要求

规范对框架梁的高宽比和跨高比做了限制,首先是为了保证框架梁对框架节点的有效约束作用,其次是限制框架梁塑性铰区段在反复受力下发生侧屈。另外框架梁的跨高比小于 4 时,其剪力与弯矩的比重较高,框架梁塑性变形能力较差,以剪切破坏为主。综合以上原因,《建筑抗震设计规范》(GB 50011)第6.3.1条及《高层建筑混凝土结构技术规程》(JGJ 32002)第 6.3.1 条规定,框架梁截面宽度不宜小于梁截面高度的 $\frac{1}{4}$,也不宜小于 200 mm;梁跨高比不宜小于 4。

44.穿层柱按普通柱进行设计,没有考虑其受力特点

穿层柱与普通柱受力有较大区别,因此穿层柱除了满足普通柱的设计要求外,还应该注意以下问题:

(1)穿层柱计算长度应按实际情况取值;

(2)关键、薄弱部位的构造措施应加强;

(3)宜进行性能化设计;

(4)考虑整体变形协调作用;

(5)楼层剪力的调整。

45.梁端第一个箍筋起始位置距支座边缘大于 50 mm

梁箍筋是提高梁抗剪强度的有效方法。此外,箍筋还限制了斜裂缝的宽度,从而提高了裂缝两侧骨料的咬合作用,间接提高了抗剪强度。同时箍筋和纵筋所形成的骨架对混凝土的围箍作用也有利于抗剪强度的提高。距离支座边50 mm 以内放第一个箍筋通常会更好地获得抗剪能力。因此《混凝土结构设计规范》(GB 50010)第 11.3.9 条规定,梁端设置的第一个箍筋距框架节点边缘不应大于 50 mm。《混凝土结构构造手册》(GB 50010)第三章第三节第一条第 2 款也明确规定,梁支座处的箍筋从梁边(或柱、墙边)50 mm 处开始放置,详见图 4-8。

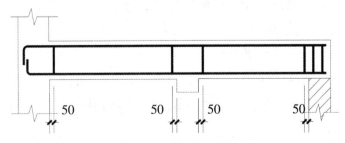

图 4-8　梁箍筋起始设置

46. 抗震设计时框架梁、框架柱箍筋采用 90°弯钩

箍筋末端设置 135°弯钩可以增强钢筋骨架的整体性,提高钢筋骨架对混凝土的约束,进而显著提高结构承载能力。因此《高层建筑混凝土结构技术规程》(JGJ 32002)第 6.3.5 条第 3 款规定,抗震设计时框架梁的箍筋尚应符合下列构造要求:箍筋应有 135°弯钩,弯钩端头直段长度不应小于 10 倍的箍筋直径和 75 mm 的较大值。《高层建筑混凝土结构技术规程》(JGJ 32002)第 6.4.8 条第 1 款规定,抗震设计时柱箍筋设置尚应符合下列规定:箍筋应为封闭式,其末端应做成 135°弯钩且弯钩末端平直段长度不应小于 10 倍的箍筋直径且不应小于 75 mm。

47. 某抗震等级为一级的框架角柱,箍筋选用 A8@100

《建筑抗震设计规范》(GB 50011)第 6.3.3 条的规定:抗震等级为一级的框架柱,其箍筋最小直径为 A10,因此上述柱箍筋直径应改为 A10 或 A10 以上。

48. 双向受力的阳台栏杆底座翻边只采用单边配筋

阳台栏杆属于受内、外水平推力构件,因此其底座翻边内钢筋应双边配筋。详见图 4 - 9。

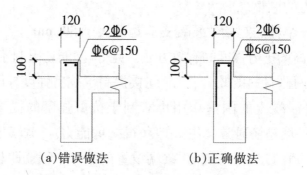

图 4 - 9 阳台栏杆底座翻边构造做法

49. 某高层剪力墙结构中,一普通连梁抗震等级为一级;截面为 200×400,上下纵筋各 3A16,箍筋采用 A10@100,错误

根据《混凝土结构设计规范》(GB 50010)第 11.7.11 条 3 款规定:沿连梁全长箍筋的构造应按本规范第 11.3.6 条和第 11.3.8 条框架梁梁端加密区箍筋的构造要求采用;因此该连梁箍筋最大间距应取纵向钢筋直径的 6 倍(一级)或 8 倍(二~四级)、梁截面高度的 $\frac{1}{4}$ 和 100 mm(150 mm)三者的最小值。本例中连梁箍筋直径应改为 A10@95 或 A10@90,也可增大纵筋直径,将 3A16 改为 2A20。

50. 当剪力墙或核心筒墙肢与其平面外相交的楼面梁刚接时,未考虑剪力墙平面外受弯

剪力墙的特点是平面内刚度及承载力大而平面外刚度及承载力都很小,因此应注意剪力墙平面外受弯时的安全问题。当剪力墙与平面外方向的大梁连接时,会使墙肢平面外承受弯矩。当梁高大于约 2 倍墙厚时,刚性连接梁的梁端弯矩将使剪力墙平面外产生较大的弯矩,此时应当采取措施以保证剪力墙平面外的安全。因此《高层建筑混凝土结构技术规程》(JGJ 32002)第 7.1.6 条规定:当剪力墙或核心筒墙肢与其平面外相交的楼面梁刚接时,可沿楼面梁轴线方向设置与梁相连的剪力墙、扶壁柱或在墙内设置暗柱并应符合相应规定。另外对截面较小的楼面梁可设计为铰接或半刚接,减小墙肢平面外弯矩。铰接端或半刚接端可通过弯矩调幅或梁变截面来实现,此时应相应加大梁跨中弯矩。

51. 某高层建筑抗震等级为二级,底部加强部位一字形独立剪力墙截面厚度取 200 mm,错误

根据《高层建筑混凝土结构技术规程》(JGJ 32002)第 7.2.1 条第 2 款规定,一、二级剪力墙底部加强部位不应小于 200 mm,其他部位不应小于160 mm;一字形独立剪力墙底部加强部位不应小于 220 mm,其他部位不应小于 180 mm。

52. 剪力墙端的转角翼缘配置的箍筋数量不满足墙体水平分布筋最小配筋率要求

剪力墙端的转角翼缘属于墙体的一部分,因此除应满足边缘构件的相关构造规定外,箍筋还应满足抗剪承载力计算要求且应满足《建筑抗震设计规范》(GB 50011)第 6.4.3 条 1、2 款中墙体水平分布筋最小配筋率要求。《建筑抗震设计规范》(GB 50011)第 6.4.3 条 1、2 款内容如下:

抗震墙竖向、横向分布钢筋的配筋,应符合下列要求:

(1)一、二、三级抗震墙的竖向和横向分布钢筋最小配筋率均不应小于0.25%,四级抗震墙分布钢筋最小配筋率不应小于 0.20% 。

注:高度小于 24 m 且剪压比很小的四级抗震墙,其竖向分布筋的最小配筋率应允许按 0.15% 采用。

(2)部分框支抗震墙结构的落地抗震墙底部加强部位,竖向和横向分布钢筋配筋率均不应小于 0.3%。

53. 某高层建筑连接两单元之间的室外连廊边梁及楼板与主体结构采用单支点连接不可靠

高层建筑连接两单元之间的室外连廊两侧边梁与主体结构采用单支点连

接,拉结措施不足,大震作用下难以保证连廊结构安全。推荐做法为:

(1)边梁两端应各延伸一跨以提高连廊的变形能力;

(2)板厚宜适当加厚采用双层双向配筋且上、下钢筋宜延伸至两侧板内各一跨,详见图4-10。

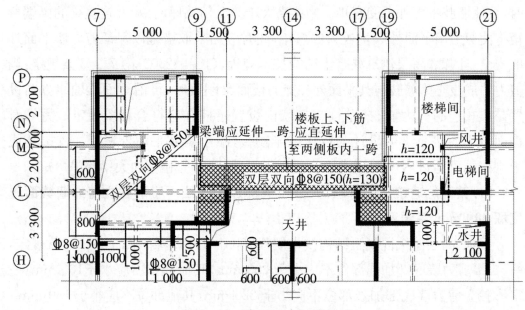

图4-10 高层连廊加强做法

54. 框架梁贯通剪力墙(带边框剪力墙)时,框架梁箍筋加密区范围取值错误

框架梁贯通剪力墙时,框架梁箍筋加密区范围应从剪力墙边处起算,剪力墙范围内框架梁箍筋无须加密,详见图4-11。

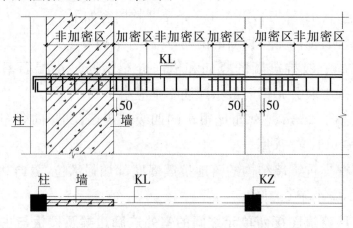

图4-11 框架梁箍筋加密区范围

55. 钢筋混凝土框架-抗震墙结构和框架-核心筒结构,在进行框架承担的楼层地震剪力调整时设置上限(如 2.0)是错误的

框架-抗震墙结构和框架-核心筒结构,抗震墙(核心筒)是第一道防线,在设防地震、罕遇地震下先于框架破坏,由于塑性内力重分布,框架部分按侧向刚度分配的剪力会比多遇地震下加大。因此《建筑抗震设计规范》(GB 50011)第 6.2.13 条规定:侧向刚度沿竖向分布基本均匀的框架-抗震墙结构和框架-核心筒结构,任一层框架部分承担的剪力值,不应小于结构底部总地震剪力的 20% 和按框架-抗震墙结构、框架-核心筒结构计算的框架部分各楼层地震剪力中最大值 1.5 倍二者的较小值。如果设置上限(如 2.0),可能导致框架部分承担的剪力不足,因此设计中应引起重视。

56. 某剪力墙结构底部核心筒墙厚 450 mm,竖向和水平分布钢筋仅采用双排配筋

为防止混凝土表面出现收缩裂缝同时使剪力墙具有一定的平面外抗弯能力,高层建筑的剪力墙不允许单排配筋。高层建筑的剪力墙厚度超过 400 mm 时,如果仅采用双排配筋形成中部大面积的素混凝土,会使剪力墙截面应力分布不均匀。因此《高层建筑混凝土结构技术规程》(JGJ 32002)第 7.2.3 条规定:高层剪力墙结构的竖向和水平分布钢筋不应单排配置。剪力墙截面厚度不大于 400 mm 时可采用双排配筋,大于 400 mm 但不大于 700 mm 时宜采用三排配筋,大于 700 mm 时宜采用四排配筋。各排分布钢筋之间拉筋的间距不应大于 600 mm,直径不应小于 6 mm。本例中墙厚 450 mm 双排配筋应改用三排配筋。

57. 高层剪力墙底部加强区竖向分布钢筋直径取 8 mm

高层剪力墙底部加强区竖向分布钢筋直径取值,根据《高层建筑混凝土结构技术规程》(JGJ 32002)第 7.2.18 条规定:剪力墙的竖向和水平分布钢筋的间距均不宜大于 300 mm,直径不应小于 8 mm。剪力墙的竖向和水平分布钢筋的直径不宜大于墙厚的 1/10 。但是《建筑抗震设计规范》(GB 50011)第 6.4.4 条第 3 款规定:抗震墙竖向和横向分布钢筋的直径,均不宜大于墙厚的 1/10,且不应小于 8 mm;竖向钢筋直径不宜小于 10 mm。同时《混凝土结构设计规范》(GB 50010)第 11.7.15 条也规定,剪力墙水平和竖向分布钢筋直径不宜大于墙厚的 1/10,且不应小于 8 mm;竖向分布钢筋直径不宜小于 10 mm。因此综合以上规范条文规定的内容,对于高层剪力墙底部加强区竖向分布钢筋直径取 10 mm,其余部位可取 8 mm。

58. 剪力墙边缘构件竖向钢筋,仅满足配筋总量而忽视钢筋直径和数量要求

《高层建筑混凝土结构技术规程》(JGJ 32002)第 7.2.15 条第 2 款和第 7.2.16条,分别规定了约束边缘构件阴影区及构造边缘构件的最小竖向配筋率要求,同时也规定了钢筋数量及钢筋直径的要求。因此剪力墙边缘构件竖向钢筋设计时,配筋总量、钢筋数量及钢筋直径都应满足规范要求。另外只有当配置纵向钢筋根数多于规范规定时,多出部分的钢筋直径可以比规范减小一个等级。

59. 抗震等级为一级的剪力墙,没有进行水平施工缝抗滑移验算

按一级抗震等级设计的剪力墙,要防止水平施工缝处发生滑移。《高层建筑混凝土结构技术规程》(JGJ 32002)第 7.2.12 条给出公式 $V_w \leqslant \frac{1}{\gamma_{RE}}(0.6f_y A_s + 0.8N)$,验算通过水平施工缝的竖向钢筋是否可以抵抗水平剪力。如果所配置的端部和竖向分布钢筋(不包括边缘构件两侧翼缘的钢筋)不满足抗滑移要求时,可设置附加抗滑移竖向短插筋(短插筋总长度不小于 $2l_{aE}$,在水平施工缝上下均应满足锚固长度 l_{aE} 的要求)。

60. 剪力墙的截面厚度取值不考虑墙体实际受力区别,一律按照层高或无支长度规定来计算最小墙厚

《建筑抗震设计规范》(GB 50011)第 6.4.1 条规定了剪力墙的最小厚度取值。如果按照其规定的要求取值,不考虑墙体顶部轴向压力的影响,而仅仅单一限制墙厚与层高或无支长度的比值,势必会形成高度相差很大的房屋其底部楼层墙厚的限制条件相同,或一幢高层建筑中底部楼层墙厚与顶部楼层墙厚的限制条件相近等不合理的情况。因此《高层建筑混凝土结构技术规程》(JGJ 32002)对剪力墙截面厚度提出了墙体稳定验算要求(附录 D),不再规定墙厚与层高或剪力墙无支长度比值的限制要求。仅初步估算剪力墙的墙肢截面厚度时,可参照《建筑抗震设计规范》(GB 50011)第 6.4.1 条。

61. 暗柱阴影部分的长度取值小于约束边缘构件 l_c 长度的一半

某高层剪力墙住宅(抗震等级为二级)中,一墙肢 $h_w = 4\ 500$ mm,轴压比0.5,暗柱阴影部分长度取 400 mm 小于 $\frac{l_c}{2}$($l_c = 0.2h_w = 900$ mm)。根据《高层建筑混凝土结构技术规程》(JGJ 32002)7.2.15 条规定,暗柱阴影部分的长度在满足 $\geqslant b_w$ 和 $\geqslant 400$ mm 的要求之外,尚不应小于约束边缘构件 l_c 长度的一半。因此本例中暗柱阴影部分长度应为 450 mm。

62. 短肢剪力墙与宽扁柱区分错误

宽扁柱与短肢剪力墙受力变形不同,设计时应做明确的区分。根据《高层建筑混凝土结构技术规程》(JGJ 32002)第 7.1.7 条规定,当墙肢的截面高度与厚度之比不大于 4 时宜按框架柱进行截面设计。短肢剪力墙是指截面厚度不大于 300 mm、各肢截面高度与厚度之比的最大值大于 4 但小于 8 的剪力墙。其判断标准应符合以下两条:

(1)"⌐"形、"⊥"形、"+"形、"["形以及工字形剪力墙,只有当各墙肢截面高度与厚度之比均为 4~8 时,才可以判定为短肢剪力墙;

(2)剪力墙开洞形成的联肢墙中,存在截面高度与厚度之比为 4~8 的墙肢段。只有当该墙肢两侧均与跨高比大于 2.5 的连梁相连或一端与跨高比大于 2.5 的连梁相连另一端为自由端的剪力墙,才可以判定为短肢剪力墙。

63. 短肢剪力墙错误地按普通剪力墙配筋

某抗震等级为二级的高层剪力墙住宅中,有一短肢剪力墙 $b_w = 200$ mm,$h_w = 1\ 500$ mm,底部加强部位竖向钢筋采用 $A10@200$(双排),配筋率为 $0.393\% < 1.2\%$,不满足规范要求。由于短肢剪力墙抗震性能较差,地震区应用经验不多,为安全起见,规范对短肢剪力墙结构抗震设计的最大适用高度、使用范围、抗震等级、筒体和一般剪力墙承受的地震倾覆力矩、墙肢厚度、轴压比、截面剪力设计值以及纵向钢筋配筋率都做了相应规定。《高层建筑混凝土结构技术规程》(JGJ 32002)第 7.2.2 条第 5 款规定:短肢剪力墙的全部竖向钢筋的配筋率底部加强部位一、二级不宜小于 1.2%,三、四级不宜小于 1.0%;其他部位一、二级不宜小于 1.0%,三、四级不宜小于 0.8%。以上规定所有短肢剪力墙的配筋率均要满足。

64. 剪力墙结构中的连梁抗震设计时,顶面及底面单侧纵向钢筋的最大配筋率大于《高层建筑混凝土结构技术规程》(JGJ 32002)表 7.2.25 中限值时,没有进行强剪弱弯验算

为实现连梁的强剪弱弯,防止连梁受弯钢筋配置过多,剪力墙结构连梁抗震设计时顶面及底面单侧纵向钢筋的最大配筋率大于《高层建筑混凝土结构技术规程》(JGJ 32002)表 7.2.25 中限值时,应进行强剪弱弯验算。因此连梁设计时不可随意增大配筋。连梁纵向钢筋的最大配筋率应符合表 4-6 规定。

表 4-6　连梁纵向钢筋的最大配筋率(%)

跨高比	最大配筋率
$l/h_b \leqslant 1.0$	0.6
$1.0 < l/h_b \leqslant 1.0$	1.2
$2.0 < l/h_b \leqslant 2.5$	1.5

65. 框架-剪力墙结构中的连梁抗震等级取值错误

某 8 度区一商办楼,框架-剪力墙结构,房屋高度 59.7 m。查《高层建筑混凝土结构技术规程》(JGJ 32002)表 3.9.3 可知:框架部分抗震等级为二级,剪力墙部分抗震等级为一级。而实际设计时将连梁抗震等级取为二级,这是错误的。所谓连梁就是两端与剪力墙在平面内相连的梁。其作用是将两片剪力墙连接成一个整体,使两片墙协同工作、共同受力。因此连梁自身必须有充分的强度和刚度,以抵抗两片墙之间因变形而出现的弯矩、剪力和轴力。实际工程中连梁一般都设计成跨高比小于 5 的普通连梁或强连梁。只有为了分割墙段,改善受力特征时,才设计成弱连梁(跨高比大于 6)。但无论是弱连梁、普通连梁还是强连梁,都属于剪力墙的一部分,因此其抗震等级应该与剪力墙的要求一致。故本例框架-剪力墙结构中的连梁抗震等级应取一级。

66. 楼面主梁支撑在核心筒的连梁上,这种做法不合理

由于核心筒中连梁在平面内剪力和弯矩较大,当楼层主梁支撑在连梁上时,一方面主梁端部约束达不到要求;另一方面因连梁本身剪切应变较大再加上主梁传来的内力,易使连梁产生过大的剪切斜裂缝。在强震作用下连梁作为剪力墙的耗能构件可能首先被破坏,这样支撑在连梁上的楼面梁也会随之被破坏。因此要尽量避免。

67. 某高层剪力墙结构连梁跨高比为 2.3,梁截面为 200×900,腰筋采用 A8@200(墙肢水平筋拉通),其配筋率不满足要求

设计中一般连梁的跨高比都较小,水平地震力作用下容易发生剪切脆性破坏,因此需采取加强措施。根据《高层建筑混凝土结构技术规程》(JGJ 32002)第 7.2.27 条第 4 款规定,连梁高度范围内的墙肢水平分布钢筋应在连梁内拉通作为连梁的腰筋。连梁截面高度大于 700 mm 时,其两侧面腰筋的直径不应小于 8 mm,间距不应大于 200 mm;跨高比不大于 2.5 的连梁,其两侧腰筋的总面积配筋率不应小于 0.3%。本例中连梁两侧腰筋的总面积配筋率为 $\rho = \dfrac{251 \times 2}{200 \times 900} = 0.28\% < 0.30\%$。

68. 某抗震等级为二级的高层剪力墙结构,墙平面外刚接楼面主梁,主梁下墙内设暗柱,暗柱箍筋采用 A6@200,不符合要求

暗柱或扶壁柱箍筋配置应符合构造要求。根据《高层建筑混凝土结构技术规程》(JGJ 32002)第 7.1.6 条第 6 款规定,暗柱或扶壁柱应设置箍筋,箍筋的直径一、二、三级时不应小于 8 mm,四级及非抗震时不应小于 6 mm,且均不应小于纵向钢筋直径的 $\frac{1}{4}$;箍筋间距:一、二、三级时不应大于 150 mm,四级时不应大于 200 mm。

69. 因楼板开大洞口形成穿层的剪力墙没有进行稳定性验算

某底层为商业用房的高层剪力墙结构住宅,因室内楼梯布置需要,于剪力墙两侧楼板开大洞而形成穿层的剪力墙,造成墙体计算高度(层高)发生了变化。为了保证剪力墙平面外的刚度和稳定性,需要按《高层建筑混凝土结构技术规程》(JGJ 32002)第 7.2.1 条第 1 款要求并按附录 D 进行墙体稳定性验算。

70. 高层建筑角部剪力墙开转角窗没有采取有效加强措施

高层建筑剪力墙结构角部开设转角窗不仅削弱了结构的整体抗扭刚度和抗侧力刚度,而且增大了临近洞口的墙肢、连梁内力,扭转效应明显对结构抗震不利。因此高层建筑转角处尽量不设转角窗。如必须设置时,应采取下列措施:

(1)转角洞口应上下对齐,洞口宽度不宜过大,洞口顶部梁高度不宜过小。

(2)洞口两侧不应采用短肢剪力墙和一字墙。墙厚在满足规范要求的基础上适当加厚且墙肢沿全高设置约束边缘构件。

(3)洞口两侧墙肢的抗震等级提高一级。

(4)转角处房间楼板板厚不小于 130 mm,且双层双向配筋。

(5)板内设置连接洞口两侧墙体的暗梁。

(6)结构计算时,转角梁的弯矩调幅、扭转折减系数均应取 1.0,并考虑扭转耦联影响。

71. 带转换层的高层建筑,转换层楼板的受力钢筋在边支座内锚固长度按普通楼板设计

带转换层的高层建筑,结构转换层楼板是重要的传力构件,不落地剪力墙的剪力需要通过转换层楼板传递到落地剪力墙上,因此必须加强转换层楼板的刚度和承载力以保证水平剪力的有效传递。根据《高层建筑混凝土结构技术规程》(JGJ 32002)第 10.2.23 条规定:部分框支剪力墙结构中框支转换层楼板厚度不宜小于 180 mm,应双层双向配筋,且每层每方向的配筋率不宜小于

0.25%,楼板中钢筋应锚固在边梁或墙体内(l_{aE})。具体做法详见图4-12。

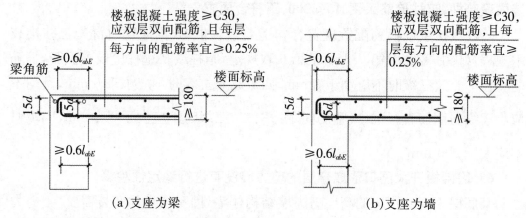

(a)支座为梁　　　　　　　(b)支座为墙

注:①当水平锚固段长度$\geqslant l_a \geqslant l_{aE}$时可不弯折。

②转换层楼板中$l_a \geqslant l_{aE}$按抗震等级四级取值,设计也可根据实际工程情况另行指定。

图4-12　梁板式转换层楼面板端部支座构造

72. 对错层结构的概念不清楚

较大的错层结构容易使建筑形成平面和竖向不规则,对结构抗震不利。尤其当建筑平面布置不规则、扭转效应显著的错层结构则破坏更为严重,其中框架结构、框架-剪力墙结构又比剪力墙结构破坏严重。因此对于错层结构的界定尤为重要。错层结构是指:

(1)楼面错层高度h_0大于相连处楼面梁高h_1,见图4-13(a),且错层面积大于该楼层面积的30%。

(2)两侧楼板横向用同一钢筋混凝土梁相连,但楼板间净距h_2大于该梁宽1.5倍,见图4-13(b),且错层面积大于该楼层面积的30%。

(3)当两侧楼板横向用同一根梁相连,虽然$h_2 < 1.5b$,但纵向梁净距(h_0-

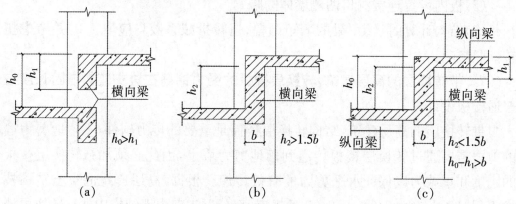

(a)　　　　　　　　(b)　　　　　　　　(c)

图4-13　错层结构示意

h_1)＞b,见图 4－13(c),且错层面积大于该楼层面积的 30％。

如上述(1)—(3)条中仅局部存在错层构件则不属于错层结构,但这些错层构件宜按《高层建筑混凝土结构技术规程》(JGJ 32002)错层结构章节规定进行设计。

73. 地下室结构顶板与塔楼首层结构楼板高差较大,错层部位的剪力墙没有按《高层建筑混凝土结构技术规程》(JGJ 32002)第 10.4 节(错层结构)规定采取相应措施

地下室结构顶板与塔楼首层结构楼板标高有差异时,应依据高差的大小确定加强措施。高差 1 m 以内的可采用楼板、梁柱节点加腋的方式。高差超

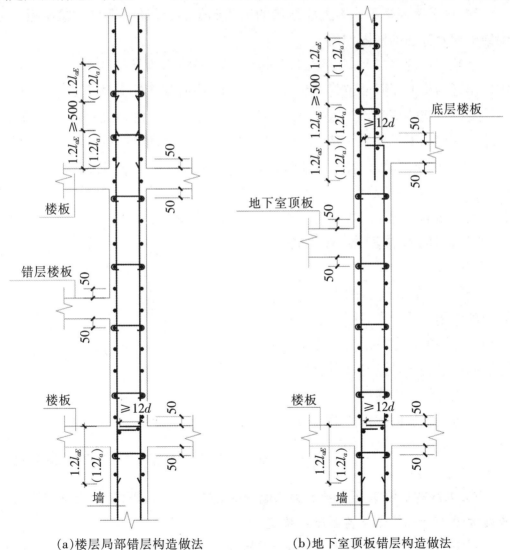

(a)楼层局部错层构造做法   (b)地下室顶板错层构造做法

图 4－14 错层剪力墙竖向分布钢筋连接构造

过 1 m,楼板标高差异处的墙体需传递水平剪力,设计应加强。因此《高层建筑混凝土结构技术规程》(JGJ 32002)第 10.4.6 条规定:错层处平面外受力的剪力墙的截面厚度非抗震设计时不应小于 200 mm,抗震设计时不应小于 250 mm,并均应设置与之垂直的墙肢或扶壁柱;抗震设计时其抗震等级应提高一级采用。错层处剪力墙的混凝土强度等级不应低于 C30,水平和竖向分布钢筋的配筋率:非抗震设计时不应小于 0.3%,抗震设计时不应小于 0.5%。另外错层剪力墙的分布钢筋分批连接,每批接头数量不宜大于总量的 50%,连接端头的净距不小于 500 mm。错层剪力墙的竖向分布钢筋在上层的绑扎搭接连接长度及在下层的锚固长度均不小于 1.2 l_{aE}。详见图 4-14。

74. 地下室顶板不作为上部结构的嵌固部位时,设计时没有考虑顶板对上部结构实际存在的嵌固作用

带地下室的多层和高层建筑,当地下室顶板可作为结构的嵌固部位时,地震作用下结构的屈服部位将发生在地上楼层,同时将影响到地下一层,地面以下结构的地震响应逐渐减小。因此规范规定地下一层的抗震等级不能降低,而地下一层以下不要求计算地震作用,其抗震构造措施的抗震等级可逐层降低(但不应低于四级)。在实际工程设计中,当地下室顶板不作为上部结构的嵌固部位时,也应该考虑地下室顶板对上部结构实际存在的嵌固作用,地下一层相关范围内的抗震等级应该与上部结构的抗震等级保持一致。

75. 嵌固层、嵌固端、嵌固部位,概念不清

嵌固层:是被嵌固的那一层,是嵌固作用的承受层,比如被地下室顶板嵌固的地上一层。嵌固端:是嵌固层的底端,属于嵌固层而不属于嵌固部位。嵌固部位:是指给其上部建筑施加嵌固作用的部位,比如满足规范相应要求的地下室顶板。详见图 4-15。

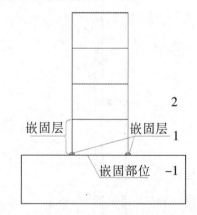

图 4-15 嵌固层、嵌固端、嵌固部位示意图

76. 外露的现浇钢筋混凝土女儿墙、挂板、栏板、檐口等构件,当其水平直线长度大于 12 m 时,未设置温度伸缩缝

外露的现浇钢筋混凝土女儿墙、挂板、栏板、檐口等构件,当其水平直线长度大于 12 m 时,应设置伸缩缝。伸缩缝间距不大于 12 m,缝宽 20 mm,伸缩缝

处两侧钢筋应断开。也可设置诱导缝,即水平钢筋不断开,只将钢筋保护层断开。做法详见图4-16。

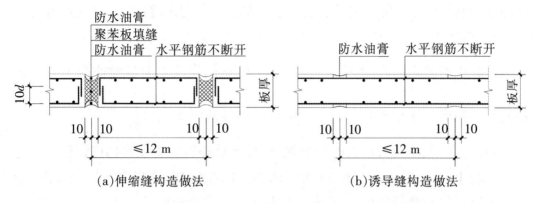

(a)伸缩缝构造做法　　　　　(b)诱导缝构造做法

图4-16　钢筋混凝土女儿墙、挂板等构件超长构造做法

77. 现浇屋面板挑檐转角处未设置放射状构造钢筋

屋面板挑檐阳角处应配置承受负弯矩的放射状构造钢筋,详见图4-17(a)、(b),其间距沿 $\frac{L}{2}$ 处应不大于200 mm(L 为挑檐长度),钢筋的锚固长度 $l_a \geqslant L$ 及300 mm的较大者,钢筋直径不小于挑檐板支座受力钢筋且 $\geqslant A8$。阴角处挑檐应垂直板角的对角线处配置不少于3根的斜向构造钢筋,其间距不大于100 mm,并在板内上下层均应配置。详见图4-17。

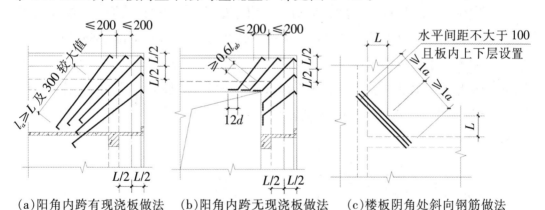

(a)阳角内跨有现浇板做法　(b)阳角内跨无现浇板做法　(c)楼板阴角处斜向钢筋做法

图4-17　楼板阳角、阴角处放射钢筋构造做法

78. 某住宅楼为现浇混凝土楼板,边跨支座按简支边设计,板厚120 mm,板面支座负筋配置A8@250,不满足要求

与支承梁或墙整体浇筑的混凝土板以及嵌固在砌体墙内的现浇混凝土板,往往在其非主要受力方向的侧边上,由于边界约束产生一定的负弯矩,从

而导致板面裂缝。为此应在板边和板角部位配置防裂的板面构造钢筋。《混凝土结构设计规范》(GB 50010)第 9.1.6 条规定:按简支边或非受力边设计的现浇混凝土板,当与混凝土梁、墙整体浇筑或嵌固在砌体墙内时,应设置板面构造钢筋,钢筋不宜小于 A8@200,且单位宽度内的配筋面积不宜小于跨中相应方向板底钢筋截面面积的 $\frac{1}{3}$,与混凝土梁、墙整体浇筑单向板的非受力方向钢筋截面面积尚不宜小于受力方向跨中板底钢筋截面面积的 $\frac{1}{3}$。

79. 温度、收缩应力较大的现浇板,板面无负筋时没有设置构造钢筋

混凝土收缩和温度变化易在现浇楼板内引起约束拉应力而导致裂缝,近年来现浇板的裂缝问题比较严重。主要原因是混凝土收缩和温度变化在现浇楼板内引起的约束拉应力。设置温度收缩钢筋有助于减少这类裂缝。因此《混凝土结构设计规范》(GB 50010)第 9.1.8 条规定:在温度、收缩应力较大的现浇板区域,应在板的表面双向配置防裂构造钢筋。配筋率均不宜小于 0.10%,间距不宜大于 200 mm。防裂构造钢筋可利用原有钢筋贯通布置,也可另行设置钢筋并与原有钢筋按受拉钢筋的要求搭接或在周边构件中锚固。

80. 某工程屋面悬挑板悬挑长度 1 200 mm,因建筑构造要求,板厚取 200 mm,端部处钢筋未封闭设置

为保证混凝土自由边端部的受力性能,当混凝土的自由边端部厚度≥150 mm 时,宜在端部设置 U 形构造钢筋并与板上部及下部钢筋进行搭接,搭接长度不小于 U 形钢筋直径的 15 倍且不小于 200 mm,详见图 4-18(a);也可以采用板上下部钢筋在端部 90°弯折搭接方式:当板的厚度不大时,可分别弯至对边,详见图 4-18(b);当板的厚度较大时,弯折搭接长度不应小于 150 mm,详见图 4-18(c)。

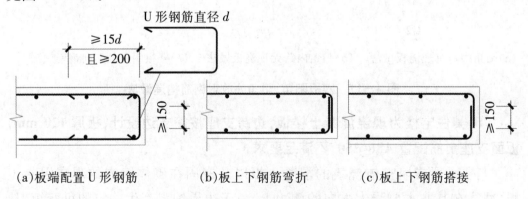

(a)板端配置 U 形钢筋　　　　(b)板上下钢筋弯折　　　　(c)板上下钢筋搭接

图 4-18　板端封边构造做法

81.飘窗挑板上有填充墙,挑板未进行抗倾覆验算

飘窗挑板通过圈梁与主体结构连接时应进行抗倾覆验算。当飘窗挑板上有填充墙时,应进行抗倾覆验算,不满足时,墙下宜设置挑梁或牛腿。当墙下只能为挑板时,挑板应通过钢筋混凝土翻边与主体结构可靠连接,同时应加大板厚且双层双向配筋并满足抗弯、抗剪、抗扭要求。

82.同一房间内局部降板时(如卫生间、厨房等),配筋计算及构造有误

同一房间内局部降板时(例如住宅中同一房间的楼板因局部设置标高较低的厨房、卫生间等),若标高不同的相邻两块板边界为直线,可划分成完整的两个小板块时,可在板边界处设置次梁或暗梁并按各小板块分别进行配筋设计。若相邻板块的边界为折线或无法设置边界梁时,应按整块大板进行配筋设计。详见图4-19。

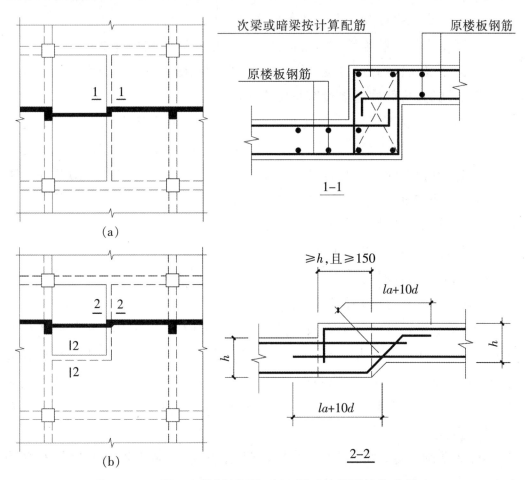

(a)

(b)

图4-19　同一区格板板面标高不同时的板配筋构造做法

83.有防水要求的地下室顶板,厚度取180 mm(或160 mm)不满足要求

有防水要求的地下室顶板厚度取值应考虑建筑环境及防水要求,根据《地

下工程防水技术规范》(GB 50108)第4.1.7条要求,防水混凝土结构,应符合下列规定:

(1)结构厚度不应小于250 mm;

(2)裂缝宽度不得大于0.2 mm,并不得贯通;

(3)钢筋保护层厚度应根据结构的耐久性和工程环境选用,迎水面钢筋保护层厚度不应小于50 mm。

84. 人防结构设计,延性比超限,没有采取有效措施

人防结构构件的允许延性比[β]系指构件允许出现的最大变位与弹性极限变位的比值。结构构件的允许延性比主要与结构构件的材料、受力特征及使用要求有关。如结构构件具有较大的允许延性比,则能较多地吸收动能,对于抵抗动荷载是十分有利的。当实际工程中允许延性比超限时有以下几种解决方法:

(1)采用高强钢筋减小受拉钢筋配筋率;

(2)降低受拉钢筋配筋率,比如加大构件截面、减小构件跨度;

(3)减小受压区高度,如提高混凝土强度等级、增加受压区配筋率等。

85. 人防进、排风井墙体没有按临空墙设计

临空墙为一侧直接承受空气冲击波作用、另一侧为防空地下室内部的墙体。当进、排风井墙体与地下室内部相邻时应按临空墙设计。根据《人民防空地下室设计规范》(GB 50038)第4.5.11条规定,作用在扩散室与防空地下室内部房间相邻的临空墙上最大压力可按消波系统的余压确定。甲类防空地下室进风口、排风口的消波系统允许余压值为:

(1)有掩蔽人员时可取0.03 N/mm²;

(2)无掩蔽人员时可取0.05 N/mm²;

(3)柴油发电排烟口时可取0.10 N/mm²。

余压值乘上1.3的动力系数便是临空墙的等效荷载,上述三种等效荷载值分别为39 kN/mm²、65 kN/mm²、130 kN/mm²。对于乙类防空地下室扩散室与防空地下室内部房间相邻的临空墙,可不计入常规武器爆炸产生的等效荷载,但临空墙设计应满足《人民防空地下室设计规范》(GB 50038)第4.11节规定的构造要求。

86. 人防地下室,施工后浇带穿越口部、采光井、水库等有防护密闭要求的部位

为提高人防工程的防护密闭性能,人防结构的重要部位都要一次整浇混凝土。因此《人防防空工程施工及验收规范》(GB 50134)第6.4.11条规定:工

程口部、防护密闭段、采光井、水库、水风井、防毒井、防爆井等有防护密闭要求的部位,应按一次整体浇筑混凝土。同时该规范第9.1.1—9.1.3条,对防护门、防护密闭门、密闭门的门框墙等现浇钢筋混凝土的施工质量提出更高的要求。

87. 人防防护密闭门洞口上挡墙,横向受力钢筋(箍筋)不满足受拉钢筋最小配筋率要求

某人防地库门框上挡墙厚300 mm,混凝土等级为C30,横向受力钢筋(箍筋)采用C12@200,单侧受拉钢筋配筋率$\rho=0.19\%<0.25\%$[门框上挡墙受水平荷载作用,因此其横向钢筋(箍筋)为受拉钢筋,所以要满足纵向受拉钢筋的最小配筋率要求]。根据《人民防空地下室设计规范》(GB 50038)第4.11.7条规定,受弯构件一侧受拉钢筋配筋率$\rho_{min}=0.25\%$。因此本例横向受力钢筋可采用C12@150,单侧受拉钢筋配筋率$\rho=0.251\%>0.25\%$满足要求。

88. 人防门框上挡墙(梁)纵向受力钢筋不满足受拉钢筋最小配筋率要求

某人防地库门框尺寸4 000 mm×2 500 mm,门框上挡墙截面$b\times h=300\times900$,混凝土等级为C30,底部纵向受力钢筋采用3C16,单侧受拉钢筋配筋率$\rho=0.22\%<0.25\%$。不满足《人民防空地下室设计规范》(GB 50038)第4.11.7条规定的最小配筋率要求。

89. 人防地下室顶板连续梁支座处箍筋未加密

人防地下室顶板连续梁支座塑性铰区范围内箍筋应全长加密。根据《人民防空地下室设计规范》(GB 50038)第4.11.10条规定,连续梁在距支座边缘1.5倍梁的截面高度范围内箍筋配筋百分率应不低于0.15%,箍筋间距不宜大于$\frac{h_0}{4}$(h_0为梁截面有效高度),且不宜大于主筋直径的5倍。在受拉钢筋搭接处宜采用封闭箍筋,箍筋间距不应大于主筋直径的5倍,且不应大于100 mm。

90. 人防地下室混凝土结构构件纵向受力钢筋的锚固长度不做区分,一律取 $1.05\ l_a$

根据《人民防空地下室设计规范》(GB 50038)第4.11.6条及条文说明可知,人防区纵向受力钢筋的锚固长度与三级抗震等级一致,即$l_{aF}=1.05\ l_a$。当人防区与上部结构(抗震等级为一、二级)相连时,钢筋的锚固长度应与上部结构抗震等级一致,取$l_{aF}=1.15\ l_a$。

91. 人防楼梯踏步斜板上下层纵向钢筋在支座内锚固长度按普通楼梯构造

人防楼梯踏步斜板的纵向钢筋锚固长度与普通楼梯锚固长度要求不同,踏步斜板支座在爆炸动荷载作用下不能按简支考虑,因此踏步斜板上下层纵

向钢筋在支座内锚固长度应满足人防构件中受拉钢筋的锚固长度要求。

92. 人防楼梯踏步斜板上、下层纵向钢筋之间未设置拉筋

双面配筋的钢筋混凝土顶底板及墙板(包括人防踏步斜板)为保证振动环境中钢筋与受压区混凝土共同工作,在上下层或内外层钢筋之间应设置一定数量的拉结筋。

93. 某钢筋混凝土人防顶板框架梁混凝土等级为 *C35*,截面尺寸为 500× 1 050,顶部通长筋 2C25+2C12,受压区钢筋最小配筋率不满足要求

《人民防空地下室设计规范》(GB 50038)第 4.11.9 条规定,钢筋混凝土受弯构件宜在受压区配置一定数量的构造钢筋,构造钢筋面积不宜小于受拉钢筋的最小配筋率。本例中受拉钢筋配筋率 $\rho = \frac{981+226}{500 \times 1\,050} = 0.23\% < 0.25\%$,

不满足要求。当改用 2C25+2C16 时,受拉钢筋配筋率 $\rho = \frac{981+402}{500 \times 1\,050} =$ 0.263%>0.25%,满足要求。

94. 某钢筋混凝土人防顶板,混凝土强度等级为 *C35*,板厚为 300 mm。板顶通长钢筋采用双层双向 *C12@180*,受压区钢筋最小配筋率不满足要求

《人民防空地下室设计规范》(GB 50038)第 4.11.9 条的规定:钢筋混凝土受弯构件,宜在受压区配置构造钢筋,构造钢筋面积不宜小于受拉钢筋的最小配筋百分率;本例中受压区钢筋配筋率 $\rho = \frac{628}{300 \times 1\,000} = 0.21\% < 0.25\%$[0.25%为受拉钢筋的最小配筋率要求,详见《人民防空地下室设计规范》(GB 50038)表 4.11.7]。因此应适当增大板顶通长钢筋的面积,当改用 C12@150 受拉钢筋配筋率 $\rho = \frac{754}{300 \times 1\,000} = 0.251\% > 0.25\%$,满足要求。

95. 抗震设计时,预应力混凝土框架梁中预应力钢筋数量(预应力度)不满足要求

采用有黏结预应力筋和普通钢筋混合配筋的部分预应力混凝土是提高结构抗震耗能能力的有效途径之一。但预应力筋的拉力与预应力筋及普通钢筋拉力之和的比值,要结合工程具体条件全面考虑使用阶段和抗震性能两方面要求。从使用阶段看,该比值大一些好;从抗震角度看,其值不宜过大。为使梁的抗震性能与使用性能较为协调,按工程经验和试验研究,该比值不宜大于0.75。因此《预应力混凝土结构设计规范》(JGJ 369)第 4.5.4 条规定:预应力混凝土框架梁中,应采用预应力筋和普通钢筋混合配筋的方式,梁端截面配筋宜

符合公式：$A_s \geq \dfrac{1}{3}\left(\dfrac{f_{py}h_p}{f_y h_s}\right)A_p$ 的要求。对二、三级抗震等级的框架剪力墙、框架核心筒结构中的后张有黏结预应力混凝土框架,梁端截面配筋宜符合公式：$A_s \geq \dfrac{1}{4}\left(\dfrac{f_{py}h_p}{f_y h_s}\right)A_p$ 的要求。以上两个公式转换成预应力强度比的表达式为：

$$\lambda_p = \frac{f_{py}A_p h_p}{(f_{py}A_p h_p + f_y A_s h_s)} \leq 0.75 \ \ 及 \ \ \lambda_p = \frac{f_{py}A_p h_p}{(f_{py}A_p h_p + f_y A_s h_s)} \leq 0.80。$$

96. 预应力混凝土框架梁配筋率计算方法错误

试验研究表明,为保证预应力混凝土框架梁的延性要求,应对梁的混凝土截面相对受压区高度做一定的限制。当允许配置受压钢筋平衡部分纵向受拉钢筋以减小混凝土受压区高度时,考虑到截面受拉区配筋过多会引起梁端截面中较大的剪力,以及钢筋拥挤不方便施工的原因,故对纵向受拉钢筋的配筋率做出限制。因此《混凝土结构设计规范》(GB 50010)第 11.8.4 条要求,预应力混凝土框架梁应按普通钢筋抗拉强度设计值换算的全部纵向受拉钢筋计算配筋率,不宜大于 2.5%,即 $\rho = \dfrac{\dfrac{f_{py}A_p + A_s}{f_y}}{bh_0} \leq 2.5\%$。

97. 抗震设计时,后张预应力筋的锚具、连接器位置设置错误

后张预应力筋的锚具、连接器不宜设置在梁柱节点核心区。锚固区的布置应避免锚具排得过密,并要避开高应力区。锚固区不宜设置在梁柱节点核心区,同时也要尽量避开可能出现塑性铰的位置。

98. 预应力筋锚固区周边翼缘板没有设置加强筋

预应力混凝土梁,因锚固区局部轴向压力的扩散,在端部翼缘板内将产生较大的拉应力,板可能会产生裂缝。因此应在翼缘板内进行配筋加强,加强筋宜布置在楼板截面中部位置,该构造钢筋的数量与规格应根据框架预应力筋的配筋量与板的厚度确定,通常不小于 5Φ12@100。详见图 4-20。

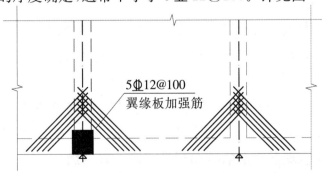

图 4-20　预应力梁端、楼板加强钢筋构造做法

99. 抗震设计时,预应力混凝土框架梁梁端截面的底部纵向钢筋和顶部纵向受力钢筋截面面积的比值不满足要求

预应力混凝土框架梁梁端截面的底部纵向受力钢筋和顶部纵向受力钢筋截面面积的比值规定,是对底部纵向钢筋的最低用量进行控制。一方面是考虑到地震作用的随机性,在按小震计算梁端不出现正弯矩或出现较小正弯矩的情况下,有可能在较强地震下出现偏大的正弯矩,故需在底部正弯矩受拉钢筋用量上给以一定储备,以免下部钢筋的过早屈服甚至拉断;另一方面,提高梁端底部纵向钢筋的数量,也有助于改善梁端塑性铰区在负弯矩作用下的延性性能。因此《混凝土结构设计规范》(GB 50010)第 11.8.4 条第 3 款和第 11.3.6 条第 2 款规定:预应力混凝土框架梁梁端截面的底部纵向钢筋和顶部纵向受力钢筋截面面积的比值,一级抗震等级不应小于 0.5,二、三级抗震等级不应小于 0.3。

100. 后张预应力构件,预应力索在梁中的边距不满足要求

后张预应力构件预应力索在梁中的边距应满足结构不出现裂缝,以及允许出现裂缝状态下耐久性要求。因此《预应力混凝土结构设计规范》(JGJ 369)第 11.3.2 条第 3 款规定,裂缝控制等级为一、二级的梁,从孔道外壁至构件边缘的净间距:梁底不宜小于 50 mm,两侧不宜小于 40 mm;裂缝控制等级为三级的梁,梁底、梁侧分别不宜小于 60 mm 和 50 mm。

101. 地下室楼梯间防火隔墙砌筑于梯板上时,设计未考虑防火隔墙荷载

通常情况下,地下室楼梯出地面需设置防火隔墙(墙厚一般为 100 mm),当防火隔墙砌筑于梯板上时,梯板设计应考虑隔墙重量,否则梯板偏于不安全(墙体荷载可由设置在墙下梯板内的通长暗梁或明梁承担)。同时防火隔墙应采取有效的抗震构造措施:

(1)砌体墙材料强度不小于 MU5.0,水泥砂浆强度不小于 M5.0,且粉刷厚度不小于 30 mm;

(2)墙体两侧粉刷内设 $A^b4@150 \times 150$ 钢丝网片加强;

(3)墙两端设置 GZ,每隔 $500 \sim 600$ mm 高设 2A6 通长拉结筋并锚入 GZ 内;

(4)墙高超过 2.5 m 时,沿墙高中部适当位置宜设通长钢筋混凝土水平系梁。

102. 具有建筑疏散功能的楼梯板面钢筋没有拉通

具有建筑疏散功能的楼梯是地震时的逃生通道,楼梯板一般为斜撑构件,设计时应设置板面构造钢筋并与支座板面受力钢筋搭接或将支座板面受力钢筋拉通布置。

103. 某工业厂房楼梯,梯板跨度为 3 080 mm,板厚为 110 mm,梯板跨中计算配筋 467 mm²/m,实配 C12@250,受力纵筋间距不满足构造要求

钢筋间距过大不利于板的受力,且不利于裂缝控制。根据工程经验,规定了常用混凝土板中受力钢筋的最大间距。《混凝土结构设计规范》(GB 50010)第 9.1.3 条规定:板中受力钢筋的间距,当板厚不大于 150 mm 时,不宜大于 200 mm;当板厚大于 150 mm 时,不宜大于板厚的 1.5 倍,且不宜大于250 mm。本例中梯板受力钢筋可取 $C10@160(As=491 \text{ mm}^2)$。

第五章 钢 结 构

1. 门式刚架轻型房屋设计时,基本雪压按 50 年重现期取值

这是不对的。因为门式刚架轻型房屋的钢结构屋面较轻,属于对雪荷载敏感的结构;雪荷载经常是这类结构的控制性荷载,极端雪荷载作用下容易造成结构整体破坏,后果严重,因此基本雪压应适当提高。依据《门式刚架轻型房屋钢结构技术规范》(15G108-6)第 4.3.1 条的规定,门式刚架轻型房屋钢结构屋面的基本雪压应按 100 年重现期的雪压采用。

2. 轻型钢结构房屋设计时,高低屋面的低屋面处没有考虑雪荷载堆积作用是错误的

轻型钢结构房屋自重轻,对雪荷载较为敏感。雪灾调查表明,雪荷载的堆积是造成此类结构破坏的主要原因。通过《门式刚架轻型房屋钢结构技术规范》(15G108-6)公式的计算分析,堆积雪荷载的最大值可达到对应基本雪压的数倍之多。因此,对轻型钢结构房屋,当有高低屋面时,应按《门式刚架轻型房屋钢结构技术规范》(15G108-6)第 4.3.3 条的规定,低屋面处在设计时必须考虑雪荷载的堆积作用。

设计时应从以下几方面进行考虑,以减少雪荷载堆积作用或加强自身的结构构件:

(1)对高低跨处屋面,高屋面宜采用较小的屋面坡度;

(2)减少女儿墙、屋面突出物等的高度,以降低积雪危害;

(3)檩条设计时,在堆积雪荷载处,通过减小檩条间距或加大檩条高度的方法予以解决;

(4)主刚架设计时应充分考虑堆积雪荷载,否则将出现较大安全隐患。

3. 门式刚架设计中,屋面竖向均布活荷载的标准值一律取 0.3 kN/m² 是错误的

《门式刚架轻型房屋钢结构技术规范》(15G108-6)第 4.1.3 条规定,当采用压型钢板轻型屋面时,屋面按水平投影面积计算的竖向活荷载的标准值应取 0.5 kN/m²,对承受荷载水平投影面积大于 60 m² 的刚架构件,屋面竖向均布活荷载的标准值可取不小于 0.3 kN/m²。本条所指活荷载仅指屋面施工及检修时的人员荷载。

《门式刚架轻型房屋钢结构技术规范》(15G108-6)第 4.5.1 条第 1 款规定,屋面均布活荷载不与雪荷载同时考虑,应取二者中的较大值。

轻钢结构对雪荷载比较敏感,水平投影面积大于 60 m² 的刚架构件,为了安全起见,考虑雪荷载对刚架的不利影响。如果雪荷载大于 0.3 kN/m²,还是应该取雪荷载值作为活荷载值进行计算。

4. 某轻钢厂房房屋的屋面坡度取值 3% 是错误的

根据《门式刚架轻型房屋钢结构技术规范》(15G108-6)第 5.2.3 条的规定,轻钢厂房的屋面坡度一般建议取 5%～12.5%。如果屋面单坡长度<20 m时,坡度可取 5%～10%;如果屋面单坡长度≥20 m 时,坡度可取 10%～12.5%。确定屋面坡度时,同时也要考虑当地的雨量,若降雨量较大,坡度要适当加大。

5. 实腹式刚架斜梁,其平面外计算长度取两倍檩距是错误的

屋面斜梁的平面外计算长度取两倍檩距,似乎已成了一个默认的选项,这是错误的。依据《门式刚架轻型房屋钢结构技术规范》(15G108-6)第 7.1.6 条规定,实腹式刚架斜梁的平面外计算长度,是按水平刚性系杆支撑与隅撑分别作为支撑点时最不利情况进行计算。且当隅撑设置满足下列条件时,才可考虑隅撑的侧向支撑作用:

(1)在屋面斜梁的两侧均设置隅撑;

(2)隅撑的上支承点的位置不低于檩条形心线;

(3)符合对隅撑的设计要求。

6. 某门式刚架的结构设计说明里,未明确载明"提供连接材料的质量合格证书",这是不妥的

门式刚架的连接材料是其重要的组成部分,为了确保工程质量,做到原材料的可追溯性,《门式刚架轻型房屋钢结构技术规范》(15G108-6)第 13.1.2 条明确规定,钢结构所采用的钢材、辅材、连接和涂装材料应具有质量合格证明书,并应符合设计文件的要求和国家现行有关标准的规定。

7. 轻钢厂房端部刚架与檩条之间设置隅撑

这是不对的。轻钢厂房端部屋面斜梁,因为只能单面设置隅撑,而隅撑对屋面斜梁施加了侧向推力,对结构安全存在危害,因此《门式刚架轻型房屋钢结构技术规范》(15G108-6)第 7.2.2 条规定,端部刚架的屋面斜梁与檩条之间不宜设置隅撑。

8. 门式刚架轻型房屋端部刚架的屋面斜梁与抗风柱上端,采用弹簧板连接

这是不适宜的。抗风柱的上端,在通常厂房设计中常采用弹簧板连接;但在轻钢房屋中,屋面能够适应较大的变形,抗风柱柱顶与端部刚架的屋面斜梁之间,可采用能够有效传递竖向荷载和水平力的固定连接作为屋面斜梁的中间竖向铰支座,而不是采用弹簧板连接。

9. 门式刚架端板板厚取用 14 mm,不满足要求

依据《门式刚架轻型房屋钢结构技术规范》(15G108-6)第 10.2.7 条第 2 款的规定,门式刚架端板厚度,取各种支承条件计算确定的板厚最大值,但不应小于 16 mm 及 0.8 倍的高强度螺栓直径中的较大值。

10. 端板竖放的门刚梁柱连接节点中,柱顶竖向端板下口与柱翼缘板上口的连接,没有采用等强对接焊缝

这是错误的。根据国内一些大型钢结构企业的实践经验,《门式刚架轻型房屋钢结构技术规范》(15G108-6)第 10.1.3 条的规定,刚架构件的翼缘与端板或柱底板的连接,当翼缘厚度大于 12 mm 时宜采用全熔透对接焊缝。而门式刚架端板的厚度不小于 16 mm,由此可见,该柱顶竖向端板的下口与柱翼缘板上口的连接,应采用等强对接全熔透剖口焊缝。在具体设计时,应给出焊缝详图及厚板变坡节点详图。

11. 吊挂在屋面上的集中荷载直接作用在檩条的翼缘上

这是错误的。因为吊挂集中荷载作用在檩条的翼缘上会产生较大的偏心扭矩,檩条容易产生畸变,根据《门式刚架轻型房屋钢结构技术规范》(15G108-6)第 9.1.9 条的规定,吊挂在屋面上的普通集中荷载宜通过螺栓或自攻钉直接作用在檩条的腹板上,也可在檩条之间加设冷弯薄壁型钢作为扁担支承吊挂荷载,冷弯薄壁型钢扁担与檩条间的连接宜采用螺栓或自攻钉。

12. 某轻钢厂房屋面,跨中连续檩条的嵌套搭接长度为檩条跨度的 8%,不满足要求

依据《门式刚架轻型房屋钢结构技术规范》(15G108-6)第 9.1.10 条第 2 款的规定,采用连续檩条,有很好的经济效益。连续檩条的嵌套搭接长度不宜小于 10% 的檩条跨度,这样不仅能增加连续檩条的刚度,而且还能保证搭接端头的弯矩不大于跨中弯矩,由此,跨中截面成为构件验算的控制截面。但对于端跨的檩条,为满足搭接端头的弯矩不大于跨中弯矩,需要加大搭接长度 50%。另外,嵌套搭接部分的檩条应采用螺栓连接,按连续檩条支座处弯矩验算螺栓连接强度。

13. Z 型檩条与 C 型檩条檩托三角肋板放置方向错误

Z 型檩条与 C 型檩条的檩托两者放置方向不同,根据 Z 型檩条的受力情况,屋面 C 型檩条一般是开口朝向屋脊方向放置,所以屋面 Z 型檩条的檩托的三角肋板是在梁高的一侧,而 C 型檩条檩托的三角肋板是在梁低的一侧,见图 5-1、图 5-2。

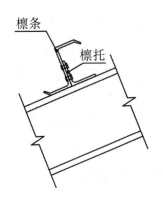 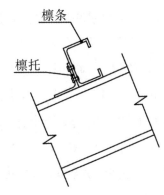

图 5-1　Z 型檩条与檩托的位置　　　图 5-2　C 型檩条与檩托的位置

14. 某单层钢筋混凝土柱厂房端山墙采用砌体承重的方案是错误的

不同形式的结构,振动特性不同,材料强度不同,侧移刚度不同。在地震作用下,由于荷载、位移、强度的不均衡,造成结构破坏。两端山墙采用砌体承重而中间为门式钢架的厂房,在地震中有较严重破坏,为此,厂房的一个结构单元内,不宜采用不同的结构形式。依据《建筑抗震设计规范》(GB 50011)第 9.1.1 条第 7 款规定,厂房的同一结构单元内,不应采用不同的结构形式;厂房端部应设屋架,不应采用山墙承重。

15. 按混凝土规范对伸缩缝最大间距的规定,来限制门式刚架轻型房屋的钢筋混凝土地基梁的长度,是错误的

混凝土结构的伸缩缝是由于温差(早期水化热或使用期季节温差)和体积变化(施工期或使用早期的混凝土收缩)等间接作用效应积累的影响,将混凝土分割为较小的单元,避免引起较大的约束应力和开裂,单层门式刚架轻型房屋的钢筋混凝土地基梁是埋置于地下部分,温度变化和混凝土收缩能够得到有效的控制,故可不执行《混凝土结构设计规范》(GB 50010)关于伸缩缝的最大间距的规定;但超过一定长度时,应考虑设置一定数量的后浇带或设置伸缩缝。

16. 某轻钢厂房,设有带驾驶室的起重量大于 15 t 的桥式吊车,屋盖边缘没有设置纵向支撑是错误的

为了保证厂房纵向稳定性,依据《门式刚架轻型房屋钢结构技术规范》(15G108-6)第 8.3.4 条的规定,对设有带驾驶室且起重量大于 15 t 桥式吊车的跨间,应在屋盖边缘设置纵向支撑。在有抽柱的柱列,沿托架长度宜设置纵向支撑。纵向支撑形式一般宜选用圆钢或钢索交叉支撑,檩条可兼作撑杆用。

17. 门式刚架的吊车梁与刚架上柱的连接处,没有设置长圆孔

这是不适宜的。因吊车梁以承受动荷载为主,其与柱连接的节点应允许有一定的相对位移。为了满足这种相对位移,《门式刚架轻型房屋钢结构技术规范》(15G108-6)第 10.2.9 条规定,吊车梁与刚架上柱的连接处宜设长圆孔。同时,吊车梁与牛腿处垫板宜采用焊接连接;吊车梁与制动梁的连接,可采用高强度螺栓摩擦型连接或焊接;吊车梁之间应采用高强度螺栓连接。

18. 某轻型钢结构房屋,无垫板的单面对接焊缝计算时,其强度设计值没有乘以折减系数

这是错误的。因为规范规定的强度设计值是结构处于正常工作情况下求得的,对一些工作情况处于不利的结构构件或连接,其强度设计值应乘以相应的折减系数。几种情况同时存在,相应的折减系数应连乘。《门式刚架轻型房屋钢结构技术规范》(15G108-6)第 3.2.5 条规定:

(1)单面连接的角钢:①按轴心受力计算强度和连接时,应乘以系数 0.85。②按轴心受压计算稳定性时,等边角钢应乘以系数$(0.6+0.0015\lambda)$(λ 为长细比,下同),但不大于 1.0;短边相连的不等边角钢应乘以系数$(0.5+0.0025\lambda)$,但不大于 1.0;长边相连的不等边角钢应乘以系数 0.70。

(2)无垫板的单面对接焊缝应乘以系数 0.85。

(3)施工条件较差的高空安装焊缝应乘以系数 0.90。

(4)两构件采用搭接连接或其间填有垫板的连接以及单盖板的不对称连接,应乘以系数 0.90。

(5)平面桁架式檩条端部的主要受压腹杆应乘以系数 0.85。

19. 某门式刚架轻型房屋钢结构在结构设计说明里,对钢构安装过程中没有提出"采取措施保证结构的整体稳固性",这是不妥的

门式刚架轻型房屋钢结构,每个单独构件都属于质量轻、空间刚度小、稳定性差的构件,所以,在安装过程中,应及时安装屋面水平支撑和柱间支撑,形成某个临时的空间结构稳定体系才是安全的。采取必要的临时措施对于保证施工阶段结构稳定非常重要,临时稳定缆风绳就是临时措施之一。要求每一施工步骤完成时,结构均具有临时稳定的特征。安装过程中形成的临时空间结构稳定体系应能承受结构自重、风荷载、雪荷载、施工荷载以及吊装过程冲击荷载的作用。

20. 某门式刚架,计算带有柱间支撑的柱脚锚栓在风荷载作用下的上拔力时,没有计入柱间支撑产生的最大竖向分力,这是不正确的

计算带有柱间支撑的柱脚锚栓在风荷载作用下的上拔力时,如果不计入柱间支撑产生的最大竖向分力,属于严重的荷载漏项,将导致结构可靠度不足,成为安全隐患。所以,《门式刚架轻型房屋钢结构技术规范》(15G108-6)第10.2.15条第2款明确规定,此种情况下应计入柱间支撑产生的最大竖向分力,而且不考虑活荷载、雪荷载、积灰荷载和附加荷载的有利影响,恒载分项系数取1.0;计算柱脚锚栓的受拉承载力时,应采用螺纹处的有效截面面积。

21. 某按铰接设计的 21 m 单跨门式刚架柱脚,在满足承载力要求的前提下,其柱脚锚栓用 2M24 是错误的

柱脚是钢结构的重要节点,其作用是将柱下端的轴力、弯矩和剪力传递给基础,使钢柱与基础有效地连接在一起,确保上部结构承受各种外力作用。

在满足承载力要求的前提下,一般地,刚架跨度不大于 15 m 时,采用 2M24 的锚栓;刚架跨度大于 15 m 且不大于 24 m 时,采用 2M36 的锚栓;刚架跨度大于 24 m 且不大于 36 m 时,采用 4M42 的锚栓;同时,锚栓均应设置成双螺帽。参见中国建工出版社出版、但泽义主编的《钢结构设计手册》(第四版)第 1 153、1 154 页。

22. 某门式刚架,其柱脚锚栓的锚固长度一律取 200 mm 是错误的

门式刚架轻型房屋柱脚锚栓的埋置深度,应使锚栓的拉力通过其和混凝土之间的黏结力传递,依据《门式刚架轻型房屋钢结构技术规范》(15G108-6)第10.2.15条第4款的规定,锚栓直径不宜小于 24 mm,且应采用双螺母;锚栓的最小锚固长度取 l_a 且不应小于 200 mm。当锚栓直径＜42 mm 时并采用 90 度弯勾,弯勾长度为 $4d$(d 为锚栓直径);锚栓直径≥42 mm 时端部采用正方形锚板,锚板每边尺寸为 $3d$(d 为锚栓直径),具体尺寸见表 5-1。

表 5-1　锚栓的最小锚固长度

锚栓钢材	混凝土强度等级					
	C25	C30	C35	C40	C45	≥C50
Q235	$20d$	$18d$	$16d$	$15d$	$14d$	$14d$
Q345	$25d$	$23d$	$21d$	$19d$	$18d$	$17d$

23. 带靴梁的门式刚架柱脚,采用柱脚锚栓承受水平力是错误的

带靴梁的门式刚架柱脚锚栓,不宜用于承受柱脚底部的水平剪力。柱底水平剪力应由底板与混凝土之间的摩擦力(摩擦系数取 0.4)或设置抗剪键来承受。当柱脚的底部水平力由抗剪键来承受时,抗剪键可采用钢板、角钢或工字钢等垂直焊于柱底板的底面,并应对其截面和连接焊缝的受剪承载力进行计算。

24. 某门式刚架,其钢柱脚的二次灌浆细石混凝土厚度仅取 40 mm,取此值是错误的

二次灌浆的细石混凝土主要作用是为钢柱底板和基础短柱混凝土提供足够的摩擦力,同时也起到包裹的作用,防止地脚螺栓受环境的影响而锈蚀;钢柱柱脚的连接分为刚接和铰接,刚接二次浇灌厚度为 100 mm,铰接二次浇灌厚度为 50 mm,混凝土强度等级可比基础的高一个等级。

25. 某门式刚架,其钢柱底板的锚栓中心到混凝土短柱边缘的距离取值 100 mm,是错误的

一般钢柱底板到混凝土短柱边缘最小尺寸是 100 mm,钢柱底板的锚栓中心到混凝土短柱边缘是 150 mm 或 $4d$(d 是锚栓直径),两者中取较大值。

26. 带夹层的门式刚架,全部依据门式刚架规范进行计算是错误的

带有夹层的门式刚架,其夹层梁及与夹层梁连接的钢柱应按《钢结构设计标准》要求进行计算,而屋面刚架部分则应按《门式刚架轻型房屋钢结构技术规范》(15G108-6)要求进行计算。另根据《门式刚架轻型房屋钢结构技术规范》(15G108-6)第 6.2.8 条的规定:门式刚架轻型房屋带夹层时,夹层的纵向抗震设计可单独进行,对内侧柱列的纵向地震作用应乘以增大系数 1.2。

27. 门式刚架轻型结构房屋的钢立柱随意改为钢筋混凝土柱,仍按门式刚架结构体系设计是不正确的

门式刚架结构,立柱与基础的连接为刚接或铰接,但斜梁与钢柱必须刚接。

若把门式刚架立柱改为钢筋混凝土柱,门式刚架将变为排架,两者是完全不同的结构体系,排架钢筋混凝土柱与基础的连接应为刚接,斜梁与钢筋混凝土柱顶一般为铰接。

因此,门式刚架结构不能随意将刚架立柱改为钢筋混凝土柱,否则,会导致结构严重不安全。

若必须把门式刚架立柱改为钢筋混凝土柱,应按排架结构重新进行内力分析。

28. 某门式刚架,没有进行斜梁与柱相交的节点域的剪应力验算,这是不正确的

门式刚架梁柱连接节点的转动刚度若与理想刚接条件相差太大时,如仍按理想刚接计算内力与确定计算长度,将导致结构可靠度不足,成为安全隐患。当符合《门式刚架轻型房屋钢结构技术规范》(15G108-6)第10.2.7条第3款的验算公式,即符合下式

$$\tau = \frac{M}{d_b d_c t_c} \leqslant f_v \tag{5-1}$$

式中:d_c、t_c——分别为节点域的宽度和厚度(mm);

d_b——斜梁端部高度或节点域高度(mm);

M——节点承受的弯矩(N·mm),对多跨刚架中间柱处,应取两侧斜梁端弯矩的代数和或柱端弯矩;

f_v——节点域钢材的抗剪强度设计值(N/mm²)。

则梁柱连接节点接近于理想刚接。当不满足式(5-1)的要求时,应加厚腹板或设置斜向加劲肋。试验表明:节点域设置斜向加劲肋,可使梁柱连接刚度明显提高,斜向加劲肋可作为提高节点刚度的重要措施,做法见图5-3。

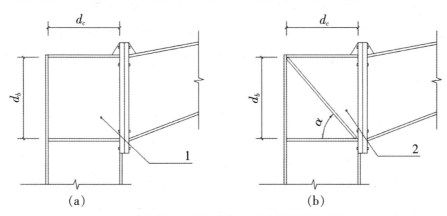

1—节点域;2—使用斜向加劲肋补强的节点域

图5-3　节点域

29. 某农贸市场的轻型房屋钢结构,其钢柱仅包封到室内地坪标高,这是错误的

因为钢柱柱脚暴露在室外,容易受到空气中潮湿气体的侵蚀,尤其是农贸市场内的钢柱柱脚可能还常常被溅上蔬菜、水产品的非纯洁水,加上轻型房屋的柱构件壁厚本身较薄,很容易遭受腐蚀而"烂根",所以应遵照执行《钢结构设计标准》(GB 50017)第 18.2.4 条第 6 款的规定:柱脚在地面以下的部分应采用强度等级较低的混凝土包裹(保护层厚度不应小于 50 mm),包裹的混凝土高出室外地面不应小于 150 mm,室内地面不宜小于 50 mm,并宜采取措施防止水分残留。当柱脚底面在地面以上时,柱脚底面高出室外地面不应小于 100 mm,室内地面不宜小于 50 mm。

30. 某单层门式刚架,抗震设防烈度为 7 度(0.15g),结构设计时没有考虑地震作用

这是不正确的。由于单层门式刚架轻型房屋钢结构的自重较小,受地震影响小,抗震性能好,这正是轻钢结构的优点之一。设计经验和振动台试验表明,当抗震设防烈度为 7 度(0.1g)及以下时,单层门式刚架一般不需要做抗震验算;当为 7 度(0.15g)及以上时,横向刚架和纵向框架均需进行抗震验算。当设有夹层或有与门式刚架相连接的附属房屋时,应进行抗震验算。

《建筑抗震设计规范》(GB 50011)第 9.2.1 条规定,单层的轻型钢结构厂房的抗震设计,应符合专门的规定。

《门式刚架轻型房屋钢结构技术规范》(15G108-6)第 3.1.4 条规定,当抗震设防烈度 7 度(0.15g)及以上时,应进行地震作用组合的效应验算。

31. 某钢结构建筑,钢柱插入式柱脚的最小深度不符合要求

钢柱插入式柱脚的最小深度,在满足《钢结构设计标准》(GB 50017)第 12.7.10 条构造要求的同时,也要满足《建筑抗震设计规范》(GB 50011)第 9.2.16 条要求:

(1)实腹式钢柱采用插入式柱脚的埋入深度,应由计算确定,且不得小于钢柱截面高度的 2.5 倍;

(2)格构式钢柱采用插入式柱脚的埋入深度,应由计算确定,其最小插入深度不得小于单肢截面高度(或外径)的 2.5 倍,且不得小于柱总宽度的 0.5 倍。

32. 某钢结构房屋高 60 m,其阻尼比取值 0.04 是错误的

根据《高层民用建筑钢结构技术规程》(JGJ 99—2015)第 5.4.6 条规定:

(1)多遇地震下的计算:高度不大于 50 m 可取 0.04,高度大于 50 m 且小

于 200 m 可取 0.03,高度不小于 200 m 时宜取 0.02;

（2）当偏心支撑框架部分承担的地震倾覆力矩大于地震总倾覆力矩的50% 时,多遇地震下的阻尼比可比本条（1）款相应增加 0.005;

（3）在罕遇地震作用下的弹塑性分析,阻尼比可取 0.05。

33. 钢结构框架柱的长细比取值有误

钢结构框架柱的长细比除满足《钢结构设计标准》(GB 50017)的构造要求外,同时也要满足《建筑抗震设计规范》(GB 50011)第 8.3.1 条的相关要求:框架柱的长细比,一级时不应大于 $60\sqrt{235/f_{ay}}$,二级时不应大于 $80\sqrt{235/f_{ay}}$,三级时不应大于 $100\sqrt{235/f_{ay}}$,四级时不应大于 $120\sqrt{235/f_{ay}}$。

34. 框架梁、柱刚性连接时,柱在梁翼缘上下各 500 mm 范围内,柱翼缘与柱腹板间或箱形柱壁板间的连接焊缝没有采用全熔透坡口焊缝

这是不正确的。在罕遇地震作用下,框架节点将进入塑性区,需要保证结构在塑性区的整体性。依据《建筑抗震设计规范》(GB 50011)第 8.3.6 条的规定:梁与柱刚性连接时,柱在梁翼缘上下各 500 mm 的范围内,柱翼缘与柱腹板间或箱形柱壁板间的连接焊缝应采用全熔透坡口焊缝。

35. 某设有吊车的门式刚架轻型结构房屋,一律在房屋端部第一或第二开间的吊车牛腿下部设置支撑,这是不妥的

柱间支撑的设置应根据房屋纵向柱距、受力情况和温度区段等条件确定。当无吊车时,柱间支撑间距宜取 30～45 m,端部柱间支撑宜设置在房屋端部第一或第二开间。

遇有大吨位的吊车时要注意,仅中间设置下支撑,两端的支撑仅设置上支撑,不需设下支撑。

当有吊车时,吊车牛腿下部支撑宜设置在温度区段中部,当温度区段较长时,宜设置在三分点内,且支撑间距不应大于 50 m。下部支撑布置间距过长时,会约束吊车梁因温度变化所产生的伸缩变形,从而在支撑内产生温度附加内力。

牛腿上部支撑设置原则与无吊车时的柱间支撑设置相同。

36. 钢结构框架梁、柱板件的宽厚比不满足抗震设计规范的要求

钢结构框架梁、柱板件的宽厚比除满足《钢结构设计标准》(GB 50017)的构造要求外,同时也要满足《建筑抗震设计规范》(GB 50011)第 8.3.2 条的限值要求,详见表 5-2。

表 5－2　框架梁、柱板件宽厚比限值

板件名称		一级	二级	三级	四级
柱	工字形截面翼缘外伸部分	10	11	12	13
	工字形截面腹板	43	45	48	52
	箱形截面壁板	33	36	38	40
梁	工字形截面和箱形截面翼缘外伸部分	9	9	10	11
	箱形截面翼缘在两腹板之间部分	30	30	32	36
	工字形截面和箱形截面腹板	$72-120N_b/(AF)\leqslant60$	$72-100N_b/(AF)\leqslant65$	$80-110N_b/(AF)\leqslant70$	$85-120N_b/(AF)\leqslant75$

注：①表列数值适用于 Q235 钢，采用其他牌号钢材时，应乘以 $\sqrt{235/f_{ay}}$。

②$N_b/(AF)$ 为梁轴压比。

37. 某地处 8 度抗震设防区的周边支承的中小跨度网架结构，没有进行竖向抗震验算，这是错误的

网架结构属于平板网格结构体系，如果没有进行适当的验算，很难准确把握结构的安全性；另外，大量网架结构计算分析结果表明，当支承结构刚度较大时，网架结构将以竖向振动为主。依据《空间网格结构技术规程》(JGJ 7)第 4.4.1 条的规定：在抗震设防烈度为 8 度的地区，对于周边支承的中小跨度网架结构应进行竖向抗震验算，对于其他网架结构均应进行竖向和水平抗震验算。

依据该条条文解释，在抗震设防烈度为 6 度或 7 度的地区，网架结构可不进行抗震验算。

38. 某带有 20 t(吨)A1 工作级别桥式吊车的钢结构厂房的设计总说明，对所用钢材提出了具有屈服强度、抗拉强度、断后伸长率和硫、磷含量以及冷弯试验的合格保证要求，但未提出具有碳当量、冲击韧性的合格保证要求，这是不正确的

在钢结构的焊接中，建筑钢的焊接性能主要取决于碳当量，碳当量宜控制在 0.45％以下，超出该值的幅度愈大，焊接性能变差的程度愈大。《钢结构焊接规范》(GB 50661)根据碳当量的高低等指标确定了焊接难度等级。因此，对焊接承重结构应具有碳当量的合格保证。

冲击韧性(或冲击吸收能量)表示材料在冲击荷载作用下抵抗变形和断裂

的能力。材料的冲击韧性值随温度的降低而减小,且在某一温度范围内发生急剧降低,这种现象称为冷脆,此温度范围称为"韧脆转变温度"。因此,对直接承受动力荷载或需验算疲劳的构件或处于低温工作环境的钢材应具有冲击韧性合格保证。

因此,依据《钢结构设计标准》(GB 50017)第4.3.2条的规定,对带有桥式吊车的钢结构厂房工程,除具有屈服强度、抗拉强度、断后伸长率、冷弯试验和硫、磷含量合格保证外,还必须具有碳当量、冲击韧性的合格保证。

39. 对风荷载比较敏感的某高层民用钢结构,承载力设计时,基本风压没有按1.1倍采用,这是错误的

因为对风荷载比较敏感的高层民用钢结构,其风荷载标准值,除考虑正常情况下的风荷载体型系数、风压高度变化系数、高度 z 处的风振系数外,还要考虑风压脉动对结构产生风振的影响;这个增加的风振响应,宜依据风洞试验结果按随机振动理论计算确定。所以,《高层民用建筑钢结构技术规程》(JGJ 99)第5.2.4条明确规定:对风荷载比较敏感的高层民用建筑,承载力设计时应按基本风压的1.1倍采用。

一般情况下,高度大于60 m的高层民用钢结构,不论其设计使用年限为50年还是100年,承载力设计时风荷载计算可按基本风压的1.1倍采用;对于房屋高度不超过60 m的高层民用钢结构,风荷载取值是否提高,可由设计人员根据实际情况确定。

40. 某高层民用钢结构,当有非承重填充墙时,其结构自振周期的计算没有进行折减,这是不正确的

大量工程实测周期表明,实际建筑物的自振周期短于计算周期,为不使地震作用偏小,导致结构可靠度不足,所以要考虑结构自振周期的折减。《高层民用建筑钢结构技术规程》(JGJ 99)第6.1.5条明确规定:计算各振型地震影响系数所采用的结构自振周期,应考虑非承重填充墙体的刚度影响予以折减。

对于高层民用钢结构房屋,非承重墙体宜采用填充轻质砌块、填充轻质墙板或外挂墙板,尽量减小结构自振周期的折减,降低地震作用力,降低结构用钢量。

41. 某高层民用钢结构房屋,其中心支撑斜杆的长细比达到190,这是错误的

国内外的研究均表明,支撑杆件的低周疲劳寿命与其长细比呈正相关,而与其板件的宽厚比呈负相关。为了防止支撑过早断裂,适当放松对按压杆设计的支撑杆件长细比的控制是合理的。按照《高层民用建筑钢结构技术规程》(JGJ 99)第7.5.2条的规定:中心支撑斜杆的长细比,按压杆设计时,不应大于 $120\sqrt{235/f_y}$,一、二、三级中心支撑斜杆不得采用拉杆设计,非抗震设计和四级采用拉杆设计时,其长细比不应大于180。

42. 钢结构设计文件中,没有注明结构构件的耐火极限

按防火要求设计的钢结构,应根据钢结构的具体情况按有关规定进行防火设计,应注明结构的设计耐火等级、构件的设计耐火防火极限、所需要的防火保护措施及其防火保护材料的性能要求,当防锈底漆和防火涂料同时使用时,应注意两者必须匹配。

43. 某工作环境温度超过100 ℃时的钢结构,没有进行结构温度作用验算,这是错误的

因为钢结构的抗火性能差,主要表现在两个方面:一是钢材热传导系统很大,火灾下钢构件升温快;二是钢材强度随温度升高而迅速降低,致使钢结构不能承受外部荷载作用而失效破坏。无防火保护的钢结构的耐火时限通常仅为15~20 min,故极易在火灾下破坏。所以,当钢结构的工作环境温度超过100 ℃时,应执行《钢结构设计标准》(GB 50017)第18.3.3条的规定,既要采取必要的防护措施,又要进行结构温度作用验算,确保钢结构的使用安全。

并采取以下防护措施:

(1)当钢结构可能受到炽热熔化金属的侵害时,应采用砌块或耐热固体材料做成的隔热层加以保护。

(2)当钢结构可能受到短时间的火焰直接作用时,应采用加耐热隔热涂层、热辐射屏蔽等隔热防护措施。

(3)当高温环境下钢结构的承载力不满足要求时,应采取增大构件截面,采用耐火钢或采用加耐热隔热涂层、热辐射屏蔽、水套隔热降温等方法和措施。

(4)当高强度螺栓连接长期受热在150 ℃以上时,应采用加耐热隔热涂层、热辐射屏蔽等隔热防护措施。

第六章 砌 体 结 构

1. 砌筑混凝土砌块时没有采用专用砂浆

这是错误的。因为混凝土砌块尺寸较大,采用普通砂浆(普通砂浆用"M××"符号表示)砌筑的墙体会出现砂浆不饱满和"瞎缝"现象,很难保证竖向灰缝的砌筑质量,会影响墙体的整体性。

所以,当采用混凝土砌块时,应采用与混凝土砌块相适应且能提高砌筑工作性能的混凝土砌块专用砂浆(混凝土砌块专用砂浆用"Mb××"符号表示)。

2. 当无筋砌体构件截面面积小于 0.3 m² 时,砌体强度设计值没有乘以调整系数 γ_a 是错误的

当无筋砌体构件截面面积小于 0.3 m² 时,考虑到试验条件与实际工程中小截面构件的受力特点的差别,为保证无筋砌体小截面构件的安全,《砌体结构设计规范》(GB 50003)第 3.2.3 条第 1 款规定,对无筋砌体构件,当其截面面积小于 0.3 m² 时,砌体强度设计值应乘以调整系数 γ_a,$\gamma_a = A + 0.7$(A:无筋砌体构件截面面积,单位:m²)。

所以,当无筋砌体构件截面面积小于 0.3 m² 时,砌体强度设计值应乘以调整系数 γ_a。

3. 在确定砌体弹性模量时,砌体抗压强度设计值乘以调整系数 γ_a 是错误的

因为砌体弹性模量是材料的基本力学性能,与构件尺寸等无关,而砌体强度设计值调整系数主要是针对构件强度与材料强度的差别进行的调整。

所以,在确定砌体弹性模量时,根据《砌体结构设计规范》(GB 50003)表 3.2.5-1 注 2 要求,砌体抗压强度设计值不需要乘以调整系数 γ_a。

4. 施工图中没有注明砌体结构施工质量控制等级会影响结构的安全度

因为施工技术、施工管理水平对结构的安全度影响很大,为确保规范规定的安全度,砌体结构施工质量控制等级明确规定了施工现场的质保体系、砂浆和混凝土的强度、砌筑工人技术等级方面的具体要求。砌体结构施工质量控制等级不仅反映了施工技术、管理水平和材料消耗水平三者之间的相互关系,同时也为砌体结构的安全度提供了可靠的保证。砌体结构施工质量控制等级分为 A、B、C 三个等级。根据我国目前的施工质量水平,对一般多层房屋宜按 B 级控制。

所以,为了保证砌体结构的安全度,施工图中应注明砌体结构施工质量控制等级。

5. 地面以下的砌体采用强度等级为 MU15 的混凝土普通砖是错误的

由于地面以下的混凝土普通砖处于冻胀或某些侵蚀环境条件下其耐久性易于受损,故提高其强度等级是解决该问题最有效和普遍采用的方法。

因此,地面以下所用混凝土普通砖的最低强度等级应符合《砌体结构设计规范》(GB 50003)第 4.3.5 条第 1 款的要求,见表 6-1。

表 6-1　地面以下或防潮层以下的砌体、潮湿房间的墙体所用材料的最低强度等级

潮湿程度	烧结普通砖	混凝土普通砖　蒸压普通砖	混凝土砌块	石　材	水泥砂浆
稍潮湿的	MU15	MU20	MU7.5	MU30	MU5
很潮湿的	MU20	MU20	MU10	MU30	MU7.5
含水饱和的	MU20	MU25	MU15	MU40	MU10

注:①在冻胀地区,地面以下或防潮层以下的砌体,不宜采用多孔砖,如采用时,其孔洞应用不低于 M10 的水泥砂浆预先灌实。当采用混凝土空心砌块时,其孔洞应采用强度等级不低于 Cb20 的混凝土预先灌实。

②对安全等级为一级或使用年限大于 50 年的房屋,表中材料强度等级应至少提高一级。

6. 砖砌体墙身防潮层位置统一设在室内地面下 60 mm 处

砖砌体墙身防潮层位置统一设在室内地面下 60 mm 处的做法是不正确的,它没有结合室内地面垫层材料的透水性能及相邻房间室内地面高差来确定防潮层的位置。

针对不同的室内地面垫层材料及相邻房间地面高差,砖砌体墙身防潮层位置的正确做法通常有以下三种,见图 6-1。

(1)当室内地面垫层为不透水材料(如混凝土)时,通常设置在室内地面下 60 mm 处;

(2)当室内地面垫层为透水材料(如碎石、炉渣等)时,通常设置在室内地面上 60 mm 处;

(3)当两相邻房间之间室内地面有高差时,应在墙身内设置高低两道水平防潮层,并在靠土壤一侧设置垂直防潮层。

所以,为了保护砖砌体墙身,应根据室内地面垫层的透水性能及相邻房间

室内地面高差确定防潮层位置。

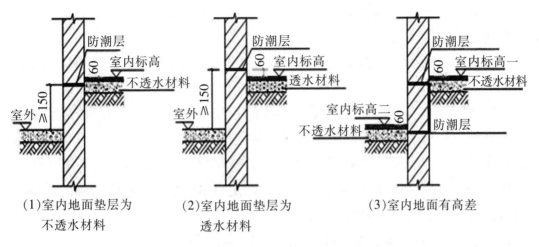

（1）室内地面垫层为不透水材料　　（2）室内地面垫层为透水材料　　（3）室内地面有高差

图 6-1　根据实际情况确定防潮层位置

7. 计算矩形截面单偏心受压构件的承载力时，仅计算长方向的单偏心受压是不正确的

因为矩形截面单偏心受压构件的控制承载力，有可能是长方向的偏心受压，也有可能是短方向的轴心受压。

所以，在计算矩形截面单偏心受压构件的承载力时，当轴向力偏心方向的截面边长大于另一方向的边长时，除按偏心受压计算外，还应对较小边长方向，按轴心受压进行验算，见图 6-2。

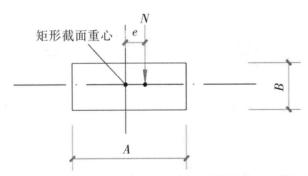

A—长边尺寸；B—短边尺寸；N—轴向力设计值；e—偏心距

图 6-2　计算矩形截面单偏心受压构件的承载力

8. 设计人员仅验算受压柱的单个方向高厚比是不正确的

因为影响受压柱高厚比的主要因素是受压柱的计算高度和边长。首先，受压柱的计算高度与房屋类别和构件支承条件等有关，例如，柱在排架内和垂直排架方向的计算高度取值就不同；其次，与柱计算高度相对应的柱边长也不尽相同。

所以,验算受压柱的单个方向高厚比是不正确的,受压柱两个方向的高厚比都需验算。

9. 在验算带壁柱墙的高厚比时,仅验算等效 T 形截面墙的高厚比是不完整的

验算带壁柱墙的高厚比是保证砌体结构稳定,满足正常使用极限状态的重要措施。由于带壁柱墙的整体稳定包括等效 T 形截面墙的稳定和壁柱间墙的稳定,为此,应先验算等效 T 形截面墙的高厚比,其目的是检验等效 T 形截面墙作为壁柱间墙的支承构件时的自身稳定;同时为保证壁柱间墙的局部稳定,还应补充验算壁柱间墙的高厚比。

所以,在验算带壁柱墙的高厚比时,仅验算等效 T 形截面墙的高厚比是不完整的,还应验算壁柱间墙的高厚比。只有等效 T 形截面墙和各壁柱间墙的高厚比均满足规范规定的高厚比,带壁柱墙才有可能是一个整体稳定的砌体结构,见图 6 - 3。

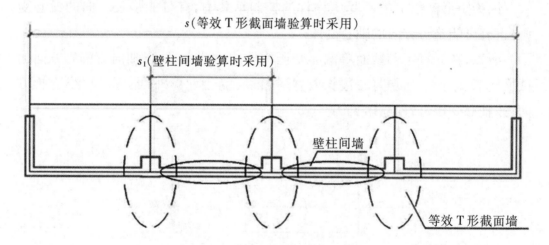

图 6 - 3 验算柱间墙的高厚比

10. 圈梁被门窗洞口截断,没有设置附加圈梁

这是不正确的。因为圈梁能够增强房屋的整体性,提高房屋的抗震能力,为了保证圈梁能够充分地发挥作用,圈梁宜连续地设在同一水平面上,并形成封闭状。

所以,当圈梁被门窗洞口截断时,应在洞口上部增设相同截面和配筋的附加圈梁。附加圈梁与圈梁的搭接长度不应小于两者垂直间距的 2 倍,且不得小于 1 m,见图 6 - 4。

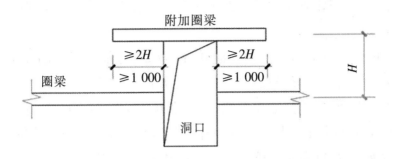

图 6-4　圈梁宜连续地设在同一水平面上

11. 多层砌体房屋的圈梁兼作过梁时,过梁部分的钢筋没有另行计算

这是不正确的。当圈梁兼作过梁时,不仅要求圈梁能够增强砌体房屋的整体性,提高房屋的抗震能力,同时还需要圈梁承担竖向荷载。

所以,多层砌体房屋的圈梁兼作过梁,钢筋不足时,应按计算面积另行增配。

12. 在挑梁的抗倾覆验算时,永久荷载分项系数取同一数值是错误的

因为在验算挑梁的抗倾覆时,倾覆力矩中的永久荷载作用效应是不利的,抗倾覆力矩中的永久荷载作用效应是有利的。如果不区分荷载的作用效应选用同一数值的永久荷载分项系数,则会降低挑梁抗倾覆验算的可靠度。

所以,在挑梁的抗倾覆验算时,当永久荷载为不利荷载时,应取永久荷载分项系数 $\gamma_G = 1.3$;当永久荷载为有利荷载时,应取永久荷载分项系数 $\gamma_G = 0.8$。

13. 在雨篷的抗倾覆验算时,以墙的最外边缘作为其计算倾覆点是错误的

由于砌体的弹塑性性质,雨篷发生倾覆破坏时,倾覆点的位置并不在墙体的最外边缘处,雨篷的计算倾覆点实际上是内移了。

因此,在雨篷的抗倾覆验算时,根据《砌体结构设计规范》(GB 50003)第 7.4.7 条的规定,计算倾覆点至墙的最外边缘的距离为 X_0,$X_0 = 0.13 L_1$,L_1 为墙厚,见图 6-5。

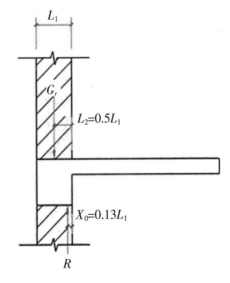

G_r—抗倾覆荷载;R—计算倾覆点;
L_1—墙厚;L_2—G_r 距墙外边缘的距离;
X_0—R 距墙外边缘的距离

图 6-5　计算倾覆点至墙的最外边缘距离

14. 当无筋砖砌体受压构件高厚比大于 16 时,采用网状配筋提高其承载力是不合理的

因为网状配筋砖砌体受压构件能够提高承载力是由于砖砌体中的钢筋网约束了砖砌体的横向变形,使被竖向裂缝分开的小柱体不致过早失稳破坏,从而间接提高了砖砌体的受压承载力。而对于高厚比较大的砖砌体受压构件($\beta > 16$),大多发生纵向弯曲破坏,钢筋网对砖砌体的横向变形约束作用降低,此时,采用网状配筋提高砖砌体受压承载力受到了限制。

因此,高厚比大于 16 的无筋砖砌体受压构件不宜采用网状配筋提高其承载力。

15. 在组合砖柱顶部与楼、屋盖的钢筋混凝土梁或屋架之间没有设置钢筋混凝土垫块

这是错误的。为了保证组合砌体构件能够整体性地均匀受力,《砌体结构设计规范》(GB 50003)第 8.2.6 条第 7 款规定,组合砖砌体构件的顶部和底部以及牛腿部位,必须设置钢筋混凝土垫块。组合砖柱的竖向受力钢筋伸入垫块的长度,必须满足锚固要求。

所以,在组合砖柱顶部与楼、屋盖的钢筋混凝土梁或屋架之间必须设置钢筋混凝土垫块,见图 6-6。

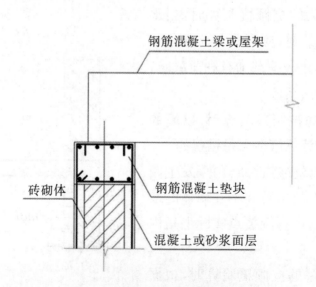

图 6-6 必须设置钢筋混凝土块

16. 单层单跨钢筋混凝土柱厂房的砌体围护墙采用嵌砌墙是不正确的

震害表明,嵌砌墙的墙体破坏虽然较外贴墙轻得多,但对厂房的整体抗震性能极为不利。厂房两侧的砌体围护墙采用嵌砌墙后,由于纵向侧移刚度的增加而加大厂房的纵向地震作用效应,特别是柱顶地震作用的集中对柱顶节点的抗震很不利,容易造成柱顶节点破坏,危及屋盖的安全,同时,由于门窗洞口处刚度的削弱和突变,还会导致门窗洞口处柱子的破坏。

17. 多层砌体房屋的构造柱与圈梁连接处,设计时没有注明构造柱的纵筋在圈梁纵筋内侧穿过

这是错误的。当构造柱的纵筋没有在圈梁纵筋内侧穿过时,构造柱在楼层圈梁处缺少侧向支承,构造柱的计算高度变大,从而降低了构造柱和圈梁一起对砌体的共同约束作用。

正确的设计是构造柱的纵筋应在圈梁纵筋内侧穿过,保证构造柱纵筋上下贯通。构造柱与圈梁加强了对砌体的约束,提高了砌体的承载力,也大大增强了多层砌体房屋的抗震性能。

所以,多层砌体房屋的构造柱与圈梁连接处,设计时应注明构造柱的纵筋在圈梁纵筋内侧穿过。

18. 某抗震区多层砖砌体结构房屋采用 M2.5 砂浆砌筑 MU7.5 普通砖是错误的

因为砂浆和块体的强度等级直接影响砌体结构的抗震能力。

所以,根据《建筑抗震设计规范》(GB 50011)第 3.9.2 条第 1 款规定,抗震结构砌体材料最低强度等级应符合表 6-2 的要求。

表 6-2　抗震结构砌体材料最低强度等级

砌体材料类型	块　体	砂　浆
普通砖和多孔砖砌体	MU10.0	M5
混凝土小型空心砌块砌体	MU7.5	Mb7.5

19. 某多层砌体房屋采用厚度 180 mm 的砌体墙作为抗震墙是错误的

因为砌体结构抗震墙的厚度小于 190 mm 时,不仅自身的稳定性差,而且其受压和抗剪能力也差。

所以,《建筑抗震设计规范》(GB 50011)第 7.1.2 条第 1 款规定:多层砌体房屋的抗震墙最小厚度不应小于 190 mm。

20. 在 7 度抗震设防区设计 6 层的各层横墙很少的多层砌体房屋是错误的

因为多层砌体房屋的抗震能力,除依赖于横墙间距、块体和砂浆强度等级、结构的整体性和施工质量等因素外,还与房屋的总层数和总高度有直接的联系。横墙很少的多层砌体房屋的抗震能力差,限制房屋的总层数和总高度是主要的抗震措施。

所以,根据《建筑抗震设计规范》(GB 50011)第 7.1.2 条第 2 款规定,在 7 度抗震设防区,设计各层横墙很少的多层砌体房屋的总层数不应超过表 6-3 的规定。

表6-3　横墙很少的多层砌体房屋的层数限值(7度设防区)

砌体类别	普通砖	多孔砖	多孔砖	小砌块
最小抗震墙厚度	240	240	190	190
7 度(0.1g)层数	5	5	4	5
7 度(0.15g)层数	5	4	3	4

注:本表小砌块砌体房屋不包括配筋混凝土小型空心砌块砌体房屋。

21. 有半地下室的多层砌体房屋总高度均从半地下室的室外地面算起是不准确的

根据《建筑抗震设计规范》(GB 50011)第 7.1.2 条注 1 的规定,房屋的总高度是指室外地面到主要屋面板板顶或檐口的高度。半地下室从半地下室室内地面算起,全地下室和嵌固条件好的半地下室应允许从室外地面算起。

嵌固条件好的半地下室应同时满足下列条件,此时房屋的总高度应允许从半地下室的室外地面算起,半地下室顶板可视为上部多层砌体结构的嵌固端:

(1)半地下室顶板和外挡土墙采用现浇钢筋混凝土;

(2)当半地下室开有窗洞处并设置窗井,内横墙延伸至窗井外挡土墙并与其相交;

(3)上部外墙均与半地下室墙体对齐,与上部墙体不对齐的半地下室内纵、横墙总量分别不大于 30%;

(4)半地下室室内地面至室外地面的高度应大于半地下室净高的 1/2,半地下室周边回填土压实系数不小于 0.93。

所以,只有满足以上条件的多层砌体房屋总高度才可以从半地下室的室外地面算起,其余情况均应从半地下室室内地面算起。

22. 某多层房屋层高为 4.2 m 时,采用砌体承重房屋是错误的

因为多层砌体结构房屋的抗剪强度低、抗弯能力差,在水平地震作用下,随着层高的增加其震害明显加重,故《建筑抗震设计规范》(GB 50011)第 7.1.3 条规定多层砌体承重房屋的层高不应超过 3.6 m。当使用功能确有需要时,采用约束砌体等加强措施的普通砖房屋，层高不应超过 3.9 m。

所以，多层房屋层高为 4.2 m 时，不能采用砌体承重房屋，而应采用其他结构类型。

23. 多层砌体房屋最大高宽比中的总宽度包括单面走廊的宽度是不正确的

因为多层砌体房屋一般不做整体弯曲验算，但为了保证房屋的稳定性，对房屋的高宽比应有所限制。而在计算有单面走廊的多层砌体房屋高宽比时，由于与单面走廊外纵墙相联系的仅有楼板而无内横墙，故其竖向抗弯刚度差，不能有效参与房屋的整体弯曲。

因此，在计算这类房屋的高宽比时，房屋的总宽度中不应包括单面走廊的宽度，见图 6-7。

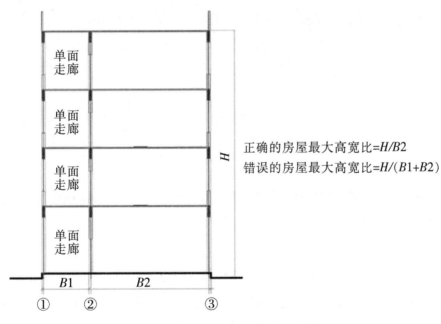

正确的房屋最大高宽比=H/B2
错误的房屋最大高宽比=H/(B1+B2)

图 6-7　总宽度不应包括单面走廊的宽度

24. 纵墙承重的多层砌体房屋，降低对抗震横墙间距的要求是错误的

因为多层砌体房屋中的抗震横墙间距大小对地震中的房屋抗震性能影响很大，抗震横墙不仅需要有足够的承载力承担横向水平地震作用，而且还需保证楼盖具有一定的水平刚度来传递水平地震作用，因此，必须限制房屋抗震横墙的最大间距。

所以，纵墙承重的多层砌体房屋，抗震横墙间距同样应满足《建筑抗震设计规范》(GB 50011)第 7.1.5 条的规定。

25. 多层砌体房屋中采用砌体墙和钢筋混凝土墙混合承重是错误的

因为钢筋混凝土墙与砌体墙是两种不同材料的墙体,钢筋混凝土的弹性模量比砌体大很多,地震时钢筋混凝土墙会因吸收过多的地震作用首先遭到破坏,接着就是砌体墙的破坏,其结果是不同材料性能的墙体被各个击破。

所以,多层砌体房屋中不应采用砌体墙和钢筋混凝土墙混合承重。

26. 某多层砌体房屋错层处的楼板高差为 600 mm,设计时按一个结构标准层计算是错误的

因为在地震作用下错层部位容易受到破坏,其破坏程度与楼板高差大小有关,高差越大,破坏越严重。

因此,《建筑抗震设计规范》(GB 50011)第 7.1.7 条规定,多层砌体房屋有错层,且楼板高差大于层高的 1/4 时宜设置防震缝,缝两侧均应设置墙体,缝宽应根据烈度和房屋高度确定,可采用 70~100 mm。当房屋错层的楼板高差超过 500 mm 但小于层高的 1/4 时,应按两层计算;错层部位的墙体应采取加强措施。

由于本工程错层处的楼板高差为 600 mm,设计时应按两个结构标准层计算,且房屋的总层数不得超过《建筑抗震设计规范》(GB 50011)表 7.1.2 中的规定。

27. 7 度抗震设防的底框结构房屋总层数为 5 层,底层采用约束砌体抗震墙是错误的

《建筑抗震设计规范》(GB 50011)第 7.1.8 条第 2 款要求:6 度抗震设防且总层数不超过 4 层的底框结构房屋,应允许采用嵌砌于框架之间的约束普通砖砌体或小砌块砌体的砌体抗震墙,但应计入砌体墙对框架的附加轴力和附加剪力并进行底层的抗震验算,且同一方向不应同时采用钢筋混凝土抗震墙和约束砌体抗震墙。

由于本工程所在地区的抗震设防烈度以及底框结构房屋的总层数均超出现行规范的要求,所以,底层抗震墙不允许采用约束砌体抗震墙,而只能采用钢筋混凝土抗震墙或配筋小砌块砌体抗震墙。

28. 底框结构房屋的过渡层与底层的侧向刚度比过大或过小都是错误的

因为底框结构房屋的底层抗震墙布置数量过少,则其刚度小,侧移大,底层结构就很容易受到破坏,甚至倒塌。反之,底框结构房屋的底层布置过多的抗震墙,以至底层刚度大于过渡层的刚度,地震时薄弱层由底层转移至过渡层,由于过渡层的砌体结构延性差,容易产生脆性破坏。

所以,底框结构房屋的过渡层与底层的侧向刚度比既不能过大也不能过小,而应控制在一个合理的范围内。底框结构房屋的过渡层与底层的侧向刚度比应符合《建筑抗震设计规范》(GB 50011)第7.1.8条第3、4款的规定。

29. 底框结构房屋的抗震墙设置在基础联系梁上是不正确的

当抗震墙设置在基础联系梁上时,由于基础联系梁的刚度和整体性较差,在地震作用下抗震墙下的基础联系梁将产生较大的转动,从而降低了抗震墙的抗侧力刚度,对内力和位移都将产生不利影响。

所以,《建筑抗震设计规范》(GB 50011)第7.1.8条第5款要求,底框结构房屋的抗震墙应设置条形基础、筏形基础等整体性好的基础。

30. 多层砌体房屋的楼梯间仅在四角设有构造柱是不正确的

因为多层砌体房屋的楼梯间是地震时人员逃生的重要通道,地震时应把楼梯间的震害控制在轻度破坏范围以内。但是,由于楼梯间除顶层外,一般楼层墙体计算高度较房屋其他部位墙体计算高度小,则其刚度较大,因而该处分配的地震剪力大,故容易造成震害;而墙体沿高度方向又缺少各层楼板的侧向支承,尤其顶层墙体有一层半楼层的高度,其稳定性差,也容易发生破坏。为了减轻楼梯间在地震时的破坏,采取抗震加强措施很有必要。

所以,《建筑抗震设计规范》(GB 50011)表7.3.1规定,除在楼梯间四角设置构造柱外,还应在楼梯斜梯段上下端对应的墙体处设置构造柱,见图6-8。

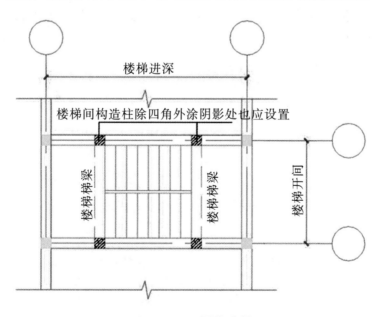

图6-8　设置构造柱

31. 某多层砌体房屋的预制板直接支承于 190 mm 厚的砌体墙上是不允许的

因为在抗震设防区,为了抵抗水平地震作用,防止预制板塌落,多层砌体房屋预制板在墙体内必须满足一定的搁置长度。当其搁置长度不够时,应在砌体墙上设置钢筋混凝土圈梁,并采用硬架支模连接法施工以保证钢筋混凝土圈梁与预制板板端伸出的钢筋连接。

根据《建筑抗震设计规范》(GB 50011)第 7.3.5 条第 2 款的要求,本工程中为了保证预制板在砌体墙上有足够的支承长度和可靠的拉结作用,可以采取以下任何一种抗震措施:

(1)增加砌体墙的厚度至 240 mm;

(2)在不增加厚度的砌体墙上增设钢筋混凝土圈梁并采用硬架支模连接。

32. 某多层装配式钢筋混凝土楼、屋盖砖砌体房屋,在要求设置圈梁的间距内无内横墙,圈梁设置没有满足内横墙中圈梁最大间距的要求

这是错误的。因为多层装配式钢筋混凝土楼、屋盖砖砌体房屋中的圈梁能增强房屋的整体刚度,提高房屋的抗震能力,是有效的抗震措施。《建筑抗震设计规范》(GB 50011)表 7.3.3 中规定了多层砖砌体房屋设置圈梁的最大间距要求。

所以,对于纵墙承重或大开间房屋,在要求设置圈梁的间距内无内横墙时,应采用钢筋混凝土梁或配筋板带代替圈梁,以满足内横墙上设置圈梁的最大间距要求,见图 6-9。

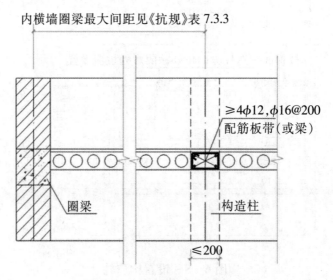

图 6-9 满足最大间距要求

33.底框结构房屋中的底层约束砌体抗震墙,在施工图中没有注明施工方式及位置

这是错误的。首先,为了保证约束砌体抗震墙与构造柱、底层框架柱的连接,以提高约束砌体抗震墙的变形能力,设计时要求约束砌体抗震墙应嵌于框架内,施工时先砌墙后浇构造柱和框架梁柱。其次,为防止在设计使用年限内随意拆除更换约束砌体抗震墙,影响其抗震能力,在施工图中应注明其位置。

所以,底框结构房屋中的底层约束砌体抗震墙,在施工图中应注明施工方式及位置。

34.底部二层框架-抗震墙砌体房屋的总层数为7层,上部墙体的构造柱按5层设置是错误的

由于底框结构属于竖向不规则结构,其抗震性能比多层砌体房屋还弱,因此构造柱的设置要求更严格。

根据《建筑抗震设计规范》(GB 50011)第7.5.1条第1款的规定,本工程过渡层以上墙体的构造柱设置部位应按房屋的总层数7层设置。

35.钢筋混凝土托墙梁上墙体开有洞口时,洞口处的托墙梁箍筋没有加密

这是不正确的。因为托墙梁上墙体开有洞口时,会使洞口边的剪力突变。

因此,托墙梁的箍筋应在洞口处和洞口两侧各500 mm且不小于梁高的范围内加密,箍筋间距不应大于100 mm,见图6-10。

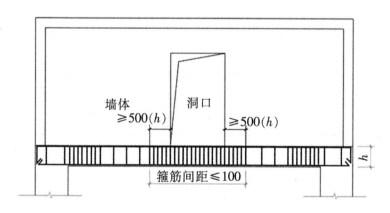

图6-10　加密

第七章 木 结 构

1. 方木原木结构的构件设计时没有明确材质等级

木材在生长和加工储存过程中会形成木结、腐朽、虫蛀、开裂、弯曲变形等自然缺陷,同一树种强度等级相同,材质等级却有明显差异。设计时往往注重木材的强度等级而忽视材质等级,施工图中不注明木材的材质等级造成选材错误,形成安全隐患。

《木结构设计标准》(GB 50005)第3.1.3条规定:方木原木结构的构件设计时,应根据构件的主要用途选用相应的材质等级。当采用目测分级木材或采用工厂加工的方木用于梁柱构件时,最低材质等级不应低于表7-1、表7-2要求。

表7-1 方木原木构件的材质等级要求

项　次	主要用途	最低材质等级
1	受拉或拉弯构件	Ⅰa
2	受弯或压弯构件	Ⅱa
3	受压构件及次要受弯构件	Ⅲa

表7-2 工厂加工方木构件的材质等级要求

项　次	主要用途	最低材质等级
1	用于梁	Ⅰa
2	用于柱	Ⅱa

2. 木结构设计中,没有明确木材的含水率要求

因含水率对木材的物理性能影响较大,木材含水率变化时,会引起木材的不均匀收缩,造成松弛变形和裂缝,木材含水率在纤维饱和点以下时,含水率越高则强度越低,所以设计时必须明确木材含水率的要求。

为保证工程质量安全,《木结构设计标准》(GB 50005)第3.1.12条规定,木结构构件制作时的含水率应满足下列要求：板材和规格材和工厂加工的方木不应大于19%；原木、方木受拉构件的连接板不应大于18%；作为连接件，不应大于15%；胶合木的层板和正交胶合木层板应为8%～15%，且同一构件各层木板间的含水率差别不应大于5%；井干式木结构构件采用原木制作时不应大于25%，采用方木制作时不应大于20%，采用胶合原木木材制作时不应大于18%。

3. 木材连接的节点设计中，没有明确节点板受拉方向应与顺纹方向一致

因节点板尺寸较小，甚至会出现两方向尺寸相同的情况，如不明确节点板的受拉方向，加工时很容易出现方向错误。工程实践证明，不同的木材其抗拉强度不同，但是顺纹强度比横纹强度都高很多，横纹抗拉强度仅仅是顺纹抗拉强度的1/40～1/10，所以连接板设计时顺纹方向必须与受拉方向一致方能满足设计要求，见图7-1、图7-2。

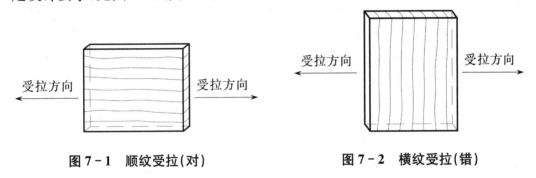

图7-1 顺纹受拉（对）　　图7-2 横纹受拉（错）

4. 某改造项目中，设计人员错误地采用了直接传力与间接传力混用的传力方式

木构件连接的传力必须简洁明确，同一连接中不得采用直接传力与间接传力混用的传力方式。

本工程中，由于屋面改造后荷载加大，原屋架下弦连接螺栓不能满足设计要求，设计人员试图通过增设螺栓，并与原螺栓共同受力的方式满足承载力的要求，导致下弦受力不均产生横纹撕裂。事实上增设的螺栓须当变形较大时方可受力，与原螺栓不可能同时受力。正确的做法是在屋架下弦部位增设螺栓，当间距过小不能增设螺栓时，可加大原螺栓直径进行处理，见图7-3。

5. 木桁架端节点采用齿连接时，设计人员没有考虑下弦杆开槽影响，仍以原毛截面按中心受拉构件计算

这种做法是错误的，存在安全隐患。木桁架端节点采用齿连接时，因开槽引起下弦杆截面缺损，从而使下弦杆成为偏心受拉构件，若截面仍按中心受拉

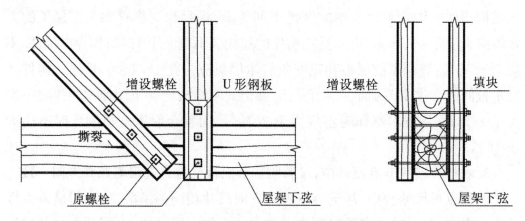

图 7-3 间接受力的连接方式不宜采用

设计,则可能存在安全隐患。

正确的设计方法是应将下弦杆轴线分为两种情形,一是按开槽后的净截面形心轴设置,二是按原毛面积形心轴设置。通过两种方法分别进行下弦杆截面的抗拉验算,确定合理的控制截面,从而保证承载力满足使用要求。

6.某工程采用直径 16 mm 螺栓连接时没有注明螺栓孔直径,施工单位采用 16 mm 钻孔是错误的

螺栓连接是销连接中运用最多的方式之一,如果连接部位钻孔直径不规范,对节点连接有不利的影响。

在螺栓连接中,由于螺杆与孔壁接触后才能传递荷载,因此螺栓孔的直径不应过大,否则连接的滑移变形会很大;另一方面,如果螺栓孔径太小,容易造成打入时孔壁附近木材劈裂破坏。所以,连接施工时,木构件上的孔径应略大于螺杆直径 1~2 mm,螺栓杆端应加工成"截头圆锥"形,这样既保证了荷载的传递,又便于螺栓的打入,保证了节点的安全可靠,见图 7-4。

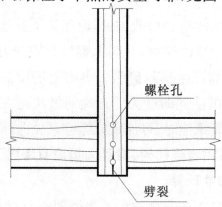

图 7-4 错误的开孔方式

7. 设计人员在受弯构件设计中,仅对强度进行验算,没有考虑稳定性影响

当受弯构件截面高宽比较大(如超过 4∶1)且跨度较大时,没有进行稳定验算且没有采取防止侧向位移的措施时,有可能发生整体失稳而丧失承载力的风险。

这是因为受弯构件截面的中和轴以上为受压区、以下为受拉区,犹如受压和受拉构件的组合体。当压杆达到一定应力值时,在偶遇横向扰力的作用下可沿着刚度较小的平面外失稳。因此,为防止受弯构件在意外的侧向力作用下发生整体倾覆,构件支座两侧均应设阻止侧向位移和侧倾的侧向支撑,并进行侧向稳定性验算。

当侧向支撑满足下列规定时,受弯构件已从构造上满足了侧向稳定的要求,稳定系数可取 1.0:

(1)$h/b \leqslant 4$ 时,中间没有设侧向支撑;

(2)$4 < h/b \leqslant 5$ 时,在受弯构件长度上有类似檩条等构件作为侧向支撑;

(3)$5 < h/b \leqslant 6.5$ 时,受压边缘直接固定在密铺板上或直接固定在间距不大于 610 mm 的格栅上;

(4)$6.5 < h/b \leqslant 7.5$ 时,受压边缘直接固定在密铺板上或直接固定在间距不大于 610 mm 的格栅上,并且受弯构件之间安装横隔板,其间隔不超过受弯构件截面高度的 8 倍;

(5)$7.5 < h/b \leqslant 9$ 时,受弯构件的上下边缘在长度方向上均有限制侧向位移的连续构件。

8. 受弯构件支承长度仅按构造要求设计是错误的

这种设计在工程上可能会存在安全隐患。木结构受弯构件承载力计算时,支座处的支撑长度除满足构造要求外,还应对支座处木材横纹承压强度进行验算。

由于横纹受压强度较低,当局部压力较大时,仅按构造要求考虑支撑长度会造成局压破坏,《木结构设计标准》(GB 50005)第 5.2.8 条明确了局部承压的承载力的计算,设计时应严格执行。

9. 施工图中没有对梁上开孔位置做出明确要求

随意开孔对梁承载力有较大削弱,存在极大的安全隐患。当木构件作为受弯构件时,如简支梁,当需要在梁高区域钻孔穿越管线或悬挂重物时,需要避开受力的关键区域。

在受弯构件上开孔时,有以下要求:①无论是水平孔还是竖向孔,应避开构件受弯、受剪的关键区域;②水平孔径不应大于梁高的 10%,对于层板胶合木梁还不应大于单块层板的厚度,水平孔的间距不宜小于 600 mm;③对于竖向孔,它对抗弯承载力的影响为孔径与截面宽度比的 1.5 倍左右。如孔径与截面宽度比为 0.15,则抗弯承载力大约将下降 22.5%,因此,在任何情况下,竖向钻孔的截面损失率不应大于 0.25。在满足上述开洞位置的同时,尚应对开洞后削弱处截面进行验算,确保构件开孔后满足承载力要求,见图 7-5。

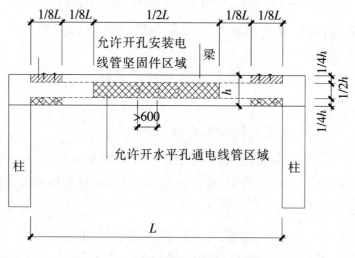

图 7-5　受弯构件开孔示意图

10. 当构件截面由不同品种木材组合而成时,设计没有对截面进行等效刚度的换算

这种做法存在安全隐患。在设计受弯构件时,为充分利用木材强度,达到节约用材的目的,截面常常可由不同品种木材组合而成,此时仅按单一木材计算构件的抗弯刚度 EI,则与实际情况不符。例如构件采用工字形板材组合梁,上下翼缘使用不同品种的木材。正确的方法是以一侧的木材如上翼缘的木材弹性模量为准,下翼缘的面积按其与上翼缘木材弹性模量的比值进行放大或缩小,并保持与心形轴的距离不变,之后再按统一了弹性模量的截面计算出等效刚度。

11. 木结构隐蔽部位或节点连接处没有采取防水防潮措施

从百年大计考虑,采取防水防潮措施非常必要。由于木材自身的特点,一旦受潮含水率达到一定数值时,将非常利于木腐菌的繁殖生长,从而造成木材腐朽,导致承载力下降,严重威胁结构安全。

为避免木材受潮,设计时应在以下几个部位采取通风防潮措施:

（1）木柱、木墙、木楼梯等与地面接触部位应设石块或混凝土块做垫脚,垫脚高出室外地面不小于 300 mm,与垫脚间设防潮层,严禁将木柱直接砌入砌体中或浇筑在混凝土中。

（2）格栅、梁、桁架端部不应封闭在墙、保温层或其他不通风的环境内,周边应留不小于 300 mm 的空隙,当支承在混凝土或砌体上时应加设防潮层和防腐垫木。

（3）在木结构隐蔽部位应设置通风洞,无地下室的底层木楼盖应架空,并应采取通风防潮措施。

12. 节点连接采用的钢板、销、螺栓等金属使用防腐剂不当

使用不当的防腐剂,会使金属锈蚀、腐蚀,影响构件耐久性。

在节点连接采用钢板、销、螺栓等金属时,木材做防腐处理没有考虑防腐剂对金属的化学作用,一旦错用防腐剂,金属与防腐剂会发生化学反应引起锈蚀。如单盐防腐剂中铜化物对铁有强烈的腐蚀性,单独使用时须避免使用含铁的金属连接件。正确的做法是:根据不同金属选择避免金属锈蚀的防腐剂,在使用水溶性防腐剂处理木材时,应向连接件生产厂家了解与之相配的耐腐蚀的要求。

13. 木结构没有进行防火设计

木结构尤应重视防火设计,没有防火设计将严重影响木结构建筑的安全使用。

由于木构件易燃的特性,《木结构设计标准》(GB 50005)规定对木结构须进行防火设计,在施工图中应明确构件的耐火极限,除对构件进行防火处理外,还应对密闭空间、管道封堵和填充材料等采取防火措施,明确构造要求。

14. 木柱等受压构件计算时没有考虑柱上缺口对结构的影响

在古建筑木结构设计中,梁柱采用榫卯连接,柱上开孔不可避免,如按全截面进行计算,会造成承载力或稳定性不足,形成安全隐患。

针对受压构件开孔后承载力和稳定性验算,我国的《木结构设计标准》(GB 50005—2017)第 5.1.2、5.1.3 条做了明确规定,强度验算时取截面净面积计算,挠度验算时按规范公式取截面净面积或折算面积计算,设计时应严格执行,见图 7-6。

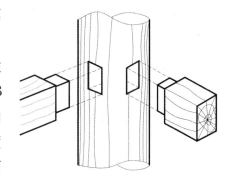

图 7-6　榫卯开孔示意

15. 标注原木直径和构件计算时,原木直径取值有误

某工程在木檩条设计中按直径 120 mm 的原木进行抗弯及挠度验算,并在施工图中标注原木直径为 φ120,施工单位施工时原木直径按大头控制,造成檩条变形,挠度超限。

按《木结构设计标准》(GB 50005)第 4.3.18 条的规定,标注原木直径时,应以梢径为准。原木构件的直径变化率可按 9 mm/m 或当地经验值采用。验算挠度和稳定时,可取构件的中央截面;验算抗弯强度时,可取最大弯矩处对应的截面。

16. 施工图设计中没有明确木结构检查和维护要求

为确保建筑的安全使用,施工图设计中应明确木结构检查和维护要求。木结构构件的相关性能随着使用时间的变化也发生改变,连接节点可能由于木材干缩变形出现松动,金属连接件、拉杆等可能会出现锈蚀和腐蚀,木构件可能会由于渗漏出现腐朽,如不进行检查和维护,势必会造成隐患。按《木结构设计标准》(GB 50005)附录 C,木结构在交付使用前应进行一次全面的检查,在工程交付使用后的两年内,每年安排一次常规检查,以后常规检查的时间不应大于 5 年。

17. 木结构设计时采用木柱与围护砖墙共同承重

这种做法是错误的,由于木柱与砖墙在力学性能上差异较大,在地震作用下变形能力和产生的位移不一致。如两者混用,在水平荷载作用下变形不协调,形成各个击破,甚至会相互碰撞,将使房屋产生严重破坏,影响结构安全。

按《建筑抗震设计规范》(GB 50011)第 11.3.2 条的规定,木结构房屋不应采用木柱与砖柱或砖墙等混合承重;山墙应设置端屋架(木梁),不得采用硬山搁檩。

18. 在地震区,木柱与桁架间没有采取必要的加强措施

由于木柱与木桁架在柱顶的连接比较薄弱,如不采取加强措施,在地震力作用下可能会产生位移,形成错位甚至脱落,严重威胁房屋的结构安全。

按《木结构设计标准》(GB 50005)第 7.7.10 条的要求,木柱与桁架连接处应设置斜撑,木柱柱顶应有暗榫插入桁架下弦并用 U 形扁铁连接,斜撑采用木夹板分别与木柱、桁架上下弦采用螺栓连接,见图 7-7。

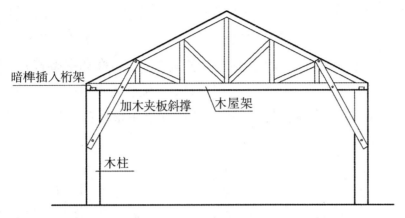

图 7-7　木柱与屋架连接

19. 某 8 度设防区,木柱与基础间没有采取必要的锚固措施

由于木柱承重的房屋在柱底与基础间为铰接连接,在强地震作用下,容易产生位移,造成稳定性破坏,严重威胁房屋的结构安全。

为保证排架的稳定性,加强柱脚和基础的锚固十分必要,《建筑抗震设计规范》(GB 50011)第 11.3.8 条明确了木柱脚的锚固要求,木柱脚可采用扁铁和螺栓锚固在基础上(图 7-8)或采取其他可靠的锚固加强措施。

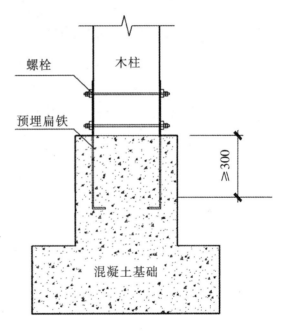

图 7-8　木柱与基础连接

20. 承重木结构与围护墙拉结措施不明确

承重木结构与围护墙拉结不当会降低围护墙的稳定性,造成安全隐患。

正确做法一般采用抱箍连接或螺栓连接,围护墙墙体材料为加气混凝土时,预埋件应埋在墙体钢筋混凝土圈梁或墙体内的混凝土块体内。

21. 榫卯连接的木框架结构,梁柱节点做法不明确

木柱与木梁连接形式多样,当采用榫卯连接时,纵横梁柱交接点受力复杂,木柱断面需上下错位开洞,柱断面削弱很多,此处应有结构大样图,杜绝施工的任意性。

木构件采用榫卯连接应符合以下规定：①固定垂直构件应采用管脚榫或套订榫；②垂直构件与水平构件拉结、相交时，应采用馒头榫、燕尾榫、箍头榫、透榫和半榫；③水平构件互交时，应采用燕尾榫、刻半榫和卡腰榫；④水平及倾斜构件重叠稳固时，应采用栽销榫、穿销榫；⑤水平及倾斜构件半叠交时，宜采用桁碗、扒梁刻榫、刻半压掌榫；⑥板缝拼接宜采用银锭扣、穿带、抄手带、裁口和企口榫，见图7-9。

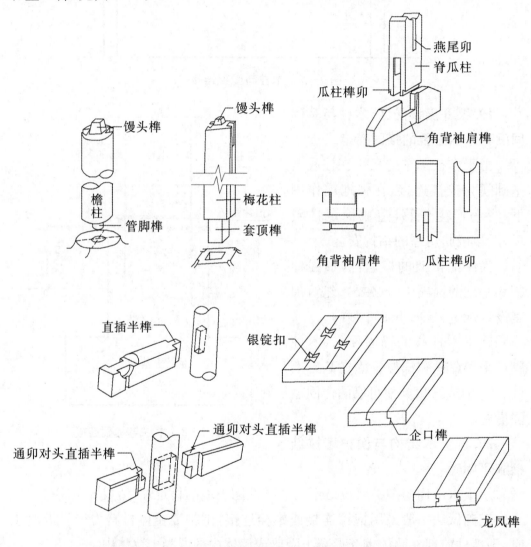

图7-9　各种榫卯连接

22. 井干式木构件设计，外墙凹凸榫搭接处的端部没有用锚固螺栓进行加固

为了抵御水平荷载产生的倾覆力矩和增强房屋的整体抗滑移能力，在纵

横外墙交叉点处须设置通长的锚固螺栓,将墙端牢固地锚固在基础上。

在抗震设防烈度为 6 度的地区,采用的锚固螺栓直径不应小于 12 mm;在抗震设防烈度大于 6 度的地区,采用的锚固螺栓直径不应小于 20 mm,见图 7-10。

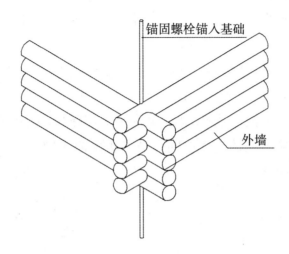

图 7-10 井干式木结构角部构造

23. 当确定承重结构用材的强度设计值时,没有计入荷载持续作用时间对木材强度的影响

实践证明,在荷载长期作用下,木材强度会明显降低,且荷载越大,木材强度降低越快,木材的长期强度与瞬间强度的比值一般为:顺纹受压 0.5～0.59,顺纹受拉 0.5,静力弯曲 0.5～0.64,顺纹受剪 0.5～0.55。

为保障房屋在设计使用年限内正常使用,规范中的强度设计值已按 50 年设计使用年限考虑了长期受荷强度折减系数,对于不是 50 年的设计使用年限,还规定了确定强度和弹性模量设计值的调整系数,设计时应按表 7-3 进行调整。

表 7-3 不同设计使用年限时木材强度设计值和弹性模量的调整系数

设计使用年限	调整系数	
	强度设计值	弹性模量
5 年	1.10	1.10
25 年	1.05	1.05
50 年	1.00	1.00
100 年	0.90	0.90

24. 某工程木屋架下弦采用木夹板连接(见图 7 - 11、图 7 - 12),连接螺栓没有避开木材髓心

由于木材易产生干缩裂缝的特性,一旦裂缝开展,极易出现经过木材髓心的贯穿裂缝,造成杆件破坏。为此,在对木材的连接设计中应注意以下几点:

(1)当支座节点采用齿连接时,应使下弦的受剪面避开髓心(尽量采用破心下料),并应在施工图中注明此要求;

(2)当受拉下弦采用螺栓木夹板或钢夹板连接时,接头数量应按计算确定(不宜少于 6 个)且不应排成单行;

(3)连接必须传力简洁明确,同一连接中不得同时采用直接传力和间接传力的连接方式,刚度不同的连接在同一节点也不应采用。

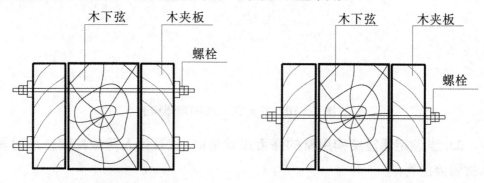

图 7 - 11　连接螺栓穿过髓心(错)　　图 7 - 12　连接螺栓避开髓心(对)

25. 在胶合木结构设计中没有明确结构胶黏剂的有关要求

胶黏剂的强度和耐久性对胶合木结构的承载力起决定性作用,在施工图设计时必须明确结构胶黏剂的有关要求。

我国《木结构设计标准》(GB 50005)第 4.1.14 条对此做了明确规定:承重结构用胶必须满足结合部位的强度和耐久性的要求,应保证其胶合强度不低于木材顺纹抗剪和横纹抗拉的强度,并应符合环境保护的要求。

26. 轻型木屋盖设计中基本雪压没有按 100 年重现期考虑

由于轻型木结构屋面重量较轻,雪荷载常常为控制荷载,在极端天气下容易造成结构破坏,属于对雪荷载敏感的结构。设计时基本雪压应按 100 年重现期考虑。

27. 轻型木屋盖设计中没有考虑雪荷载的堆积作用的影响

雪荷载的堆积作用会导致积雪时木构件承载力不足,形成安全隐患。对易积雪部位设计时应按《建筑结构荷载规范》(GB 50009)考虑屋面积雪分布系数。

28.胶合木桁架中,下弦杆与腹杆连接不合理,导致连接处开裂

胶合木桁架中,下弦杆与腹杆相交处需设置接头。此时各杆件中心线宜相交于一点,避免下弦杆内产生剪力,导致弦杆发生横纹破坏。当设置刚性连接板时,将阻止斜腹杆的转动,导致腹杆开裂。见图7-13至图7-15。

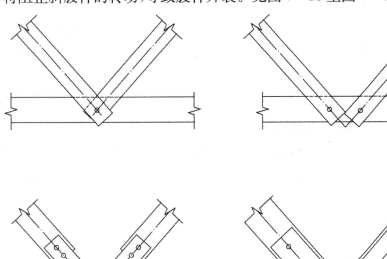

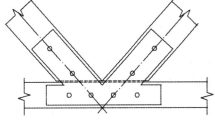

图 7-13　正确的连接方式　　　　图 7-14　错误的连接方式

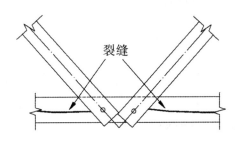

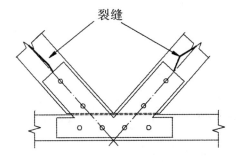

图 7-15　错误的连接形成裂缝

29. 某底层面积为 800 m² 的轻型木结构房屋,没有对木基结构板剪力墙进行抗侧力验算

这种做法不能满足结构安全的要求。对规模不大、体形和平面比较简单的住宅建筑,由于受力比较小,抗侧力构件在满足构造要求的条件下,构件承载力一般均能满足要求,可按构造设计法进行抗侧力设计。对规模较大、体形和平面比较复杂的建筑,对柱和剪力墙等竖向构件均应按工程设计法进行受力分析并验算其承载力。

《木结构设计标准》(GB 50005)第 9.1.6 条规定了 3 层及 3 层以下按构造设计法设计时,轻型木结构建筑的构造要求:

(1)建筑物每层面积不应超过 600 m²,层高不应大于 3.6 m。

(2)楼面活荷载标准值不应大于 2.5 kN/m²,屋面活荷载标准值不应大于 0.5 kN/m²。

(3)建筑物屋面坡度不应小于 1∶12,也不应大于 1∶1;纵墙上檐口悬挑长度不应大于 1.2 m;山墙上檐口悬挑长度不应大于 0.4 m。

(4)承重构件的净跨距不应大于 12 m。

本工程单层面积超过 600 m²,超出了构造设计法的要求,对剪力墙构件应按面积分配法和刚度分配法进行包络设计。

30. 采用构造设计法进行轻型木结构设计时,剪力墙长度及剪力墙的平面布置不满足构造要求

对比较简单的轻型木结构,由于受力较小,一般采用构造设计法进行抗侧力设计,不进行受力分析和验算。当剪力墙布置不满足构造要求时,可能会造成承载力不足,形成安全隐患,见图 7-16、图 7-17。为此,《木结构设计标准》

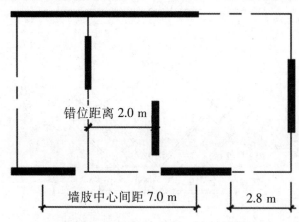

图 7-16 不符合要求的平面布置

(GB 50005)第9.1.8条明确了剪力墙的设置要求：

(1)单个墙段墙肢长度不应小于0.6 m,墙段的高宽比不应大于4∶1。

(2)同一轴线上各肢中心距不应大于6.4 m。

(3)墙端与离墙端最近的垂直方向的墙段边的垂直距离不应大于2.4 m。

(4)一道剪力墙各肢轴线错开的距离不应大于1.2 m。

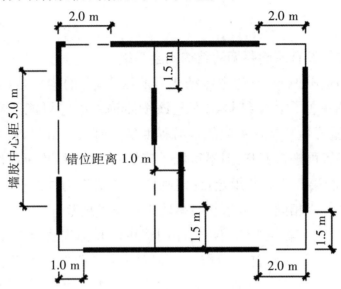

图7-17 符合要求的平面布置

第八章 幕墙结构

1. 设计文件没有明确幕墙的结构安全等级

幕墙结构是围护结构,与主体结构有所区别,有的构件是易于更换的,有的构件却不能更换。幕墙结构构件应该按照构件破坏可能产生后果的严重性,即构件的重要性和构件更换的难易程度确定其安全等级,对其中部分结构构件的安全等级可进行调整,但不得低于三级。《建筑结构可靠度设计统一标准》(GB 50068)第3.2.2条规定:建筑物中各类结构构件的安全等级,宜与整个结构的安全等级相同。《人造板材幕墙工程技术规范》(JGJ 336)第5.1.6条条文解释指出,除幕墙与主体结构之间的连接件和锚固系统之外,安全等级一般为二级,结构重要性系数γ_0可取1.0;但对于非常重要的建筑或重要部位,如幕墙与主体结构之间的连接件和锚固系统,安全等级可以取一级,结构重要性系数γ_0需取>1.0。

2. 后置预埋件的设置应考虑到连接的可靠性且有一定的位移能力

某商业建筑层高4.5 m,幕墙后置预埋件错误地设置在层间圈梁、层间混凝土预制块、砖砌女儿墙压顶等部位,直接影响到幕墙的结构安全。因此,后置预埋件的设置应考虑到连接的可靠性且有一定的位移能力。按《人造板材幕墙工程技术规范》(JGJ 336)第5.5.8条规定,轻质填充墙和砌体结构不应作为幕墙的支承结构。幕墙应按围护结构设计,幕墙的主要构件应悬挂在主体结构上。幕墙及其连接件应具有足够的承载力、刚度和相对于主体结构相适应的位移能力。填充墙(轻质混凝土砌块或空心非黏土类砌块)不具有足够的承载力,因此不能采用在填充墙部位设置化学锚栓的方法固定。也不能采用预埋件置于素混凝土中,埋件埋置于结构受力不足的薄型构件或配筋不足的构件中等做法。如必须在以上部位设置连接点的话,则要增设钢筋混凝土构件或钢结构构件。图8-1中幕墙后置预埋件设置在填充墙上,做法错误。

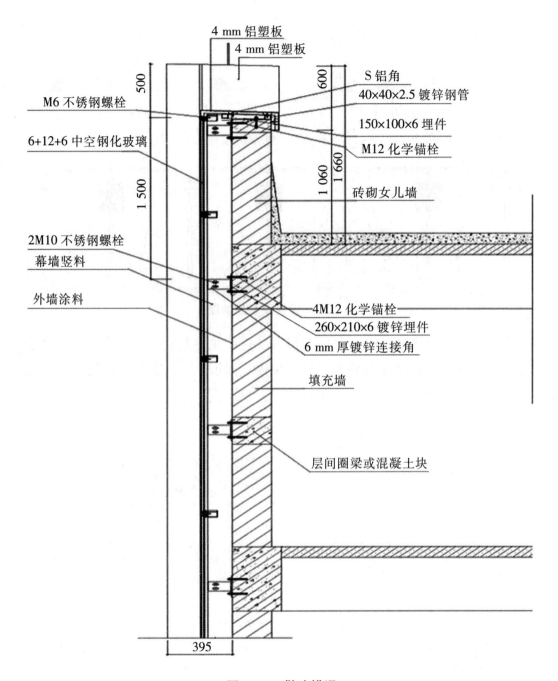

图 8-1　做法错误

3. 没有绘制幕墙立柱与横梁的布置立面图

某办公楼锚板埋件图仅绘制在建筑平面图上，没有绘制幕墙立柱与横梁的布置立面图，见图 8-2、图 8-3。

未发现立柱下端无支点，致使幕墙下端无可靠连接。

幕墙的锚板一般应设置在主体结构构件上，如果不绘制锚板及幕墙立柱

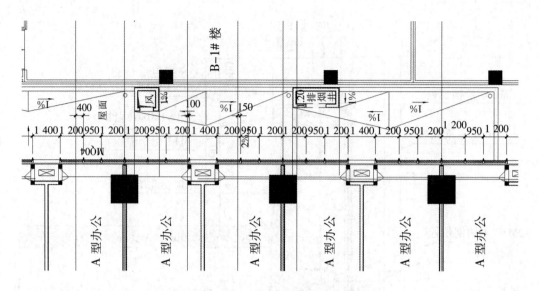

图 8-2　没有绘制立面图

布置图,则有可能使幕墙的主要构件没有设置在主体结构上,如图8-3。幕墙下部没有反梁,幕墙立柱根部无法可靠锚固,从而使其连接不具有足够的承载力、刚度和相对于主体结构的变形能力,存在安全隐患,因此,幕墙设计一定要绘制锚板及幕墙立柱布置图。

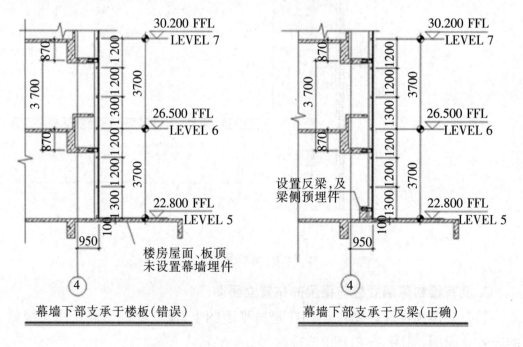

图 8-3　主要构件没有设置在主体结构上

4.幕墙的立柱与主体结构连接的转接件伸出较多,没有做相关验算

转接件采用角码、槽钢、工字钢等构件都应进行受力和变形验算。尤其是超长角码和伸出长度过大的型钢构件,要验算其强度、变形、稳定。并对焊缝验算,且转接件要有足够的刚度。如图8-4中10#槽钢连接件等要做相关验算。

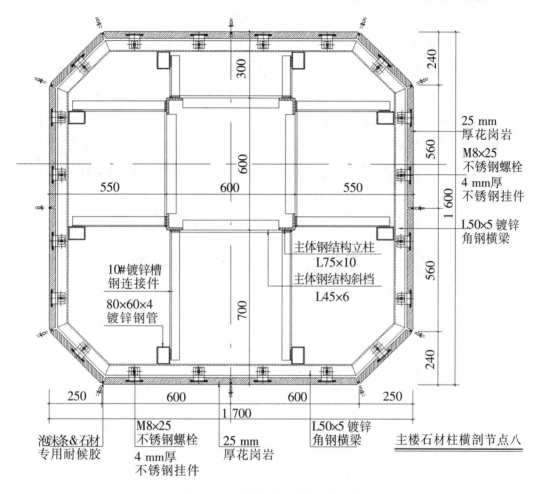

图8-4　槽钢连接件相关验算

5.石材幕墙只注明石材的材质、规格,没有注明强度、吸水率等要求

石材幕墙对石板的材质、规格、强度、吸水率等均有一定的要求。石材幕墙要注明板材的弯曲强度不应小于8.0 MPa,吸水率应小于0.8%。且要注意单块石板的板面面积不大于1.5 m²,光面石板厚度不应小于25 mm,毛面板的厚度应比抛光板厚3 mm,即不得小于28 mm。

6.幕墙的设计使用年限错误地按主体结构的使用年限统一标注为50年

幕墙的设计使用年限为50年是不正确的。建筑幕墙是非承重且易于替换的非结构构件,但考虑其是重要的外围护构件,因此规定其设计使用年限不应少于 25 年。《建筑幕墙》(GB/T 21086)第 5.2.1 条、《人造板材幕墙工程技术规范》(JGJ 336)第 5.1.1 条均有此规定。另外，《采光顶与金属屋面技术规程》(JGJ 225)第 5.1.2 条规定：采光顶、金属屋面的面板和直接连接面板的支承结构的结构设计使用年限不应低于 25 年，间接支承屋面板的主要支承结构的设计使用年限宜与主体结构的设计使用年限相同。

7. 某乡镇医院门诊楼主立面错误地采用玻璃幕墙结构

医院门诊楼主立面采用玻璃幕墙结构是不允许的。按建标〔2015〕38 号文件第二(二)条、第二(三)条规定，新建住宅、党政机关办公楼、医院门诊急诊楼和病房楼、中小学校、托儿所、幼儿园、老年人建筑，不得在二层及以上采用玻璃幕墙；人员密集、流动性大的商业中心，交通枢纽，公共文化体育设施等场所，临近道路、广场及下部为出入口、人员通道的建筑，严禁采用全隐框玻璃幕墙。按照上述规定，乡镇医院门诊楼不能在二层及以上采用玻璃幕墙。

8. 某高层办公楼超过 120 m 高，设计采用了石材幕墙

石材幕墙的使用在高度上是有适用范围的。按《金属与石材幕墙工程技术规范》(JGJ 133)第 1.0.2 条规定，金属与天然石材幕墙可适用于：

(1)建筑高度不大于 150 m 的民用建筑金属幕墙工程；

(2)建筑高度不大于 100 m、设防烈度不大于 8 度的民用建筑石材幕墙工程。

因此该大楼采用石材幕墙，是超出规范适用范围的，应避免或做专项的论证。

9. 幕墙总说明仅列出风压变形性能、雨水渗透性能、空气渗透性能等主要性能指标，不符合要求

幕墙的主要性能指标包括以下方面内容，且应标注清楚：

(1)风压变形性能；

(2)雨水渗漏性能；

(3)空气渗透性能；

(4)平面内变形性能；

(5)保温性能；

(6)隔声性能；

(7)耐撞击性能。

10. 幕墙使用的硅酮结构密封胶和硅酮建筑密封胶的性能要求没有详细说明

幕墙使用的硅酮结构密封胶和硅酮建筑密封胶在幕墙中是非常重要的黏结材料,其性能的优劣,直接影响幕墙结构的使用安全,故幕墙使用的硅酮结构密封胶和硅酮建筑密封胶的性能应详细标注。

《金属与石材幕墙工程技术规范》(JGJ 133)第3.5.2条、第3.5.3条规定,同一幕墙工程应采用同一品牌的单组分或双组分的硅酮结构密封胶,并应有保质年限的质量证书,用于石材幕墙的硅酮结构胶还应有证明无污染的试验报告,同一幕墙工程应采用同一品牌的硅酮结构密封胶和硅酮耐候密封胶配套使用。《玻璃幕墙工程技术规范》(JGJ 102)第3.1.4条规定,隐框和半隐框玻璃幕墙,其玻璃与铝型材黏结必须采用中性硅酮结构密封胶;全玻璃幕墙和点支承幕墙采用镀膜玻璃时,不应采用酸性硅酮结构密封胶黏结。第3.6.2条规定,硅酮结构密封胶使用前,应经国家认可的检测机构进行与其相接触材料的相容性和剥离黏结性试验,并应对邵氏硬度、标准状态拉伸黏结性能进行复验。检验不合格的产品不得使用,进口硅酮结构密封胶应具有商检报告。

11. 幕墙的保养和维修要求在设计文件中没有说明

幕墙的保养和维修,在后期使用过程中非常重要。为保证幕墙使用安全,《玻璃幕墙工程技术规范》(JGJ 102)第12.1.1条要求承包商应向业主提供幕墙使用维护说明书。《金属与石材幕墙工程技术规范》(JGJ 133)第9章、《玻璃幕墙工程技术规范》第12章均用专门章节提出对幕墙保养和维修的要求。要求至少每5年要全面检查一次;遇到台风、地震、火灾等自然灾害时,灾后应立即全面检查并维修。设计图纸应据此提出明确要求。

12. 幕墙设计文件没有注明按《危险性较大的分部分项工程安全管理规定》要求组织施工

建筑幕墙安装工程属于危险性较大的分部分项工程。幕墙的施工、幕墙设计应执行住房城乡建设部办公厅关于实施《危险性较大的分部分项工程安全管理规定》有关问题的通知(建办质〔2018〕31号)。

该规定中附件一第七(一)条明确了建筑幕墙安装工程属危险性较大的分部分项工程,附件二第七(一)条明确了施工高度50 m及以上的建筑幕墙安装工程属超过一定规模的危险性较大的分部分项工程。因此,设计单位应当在设计文件中注明涉及危大工程的重点部位和环节,提出保障工程周边环境安全和工程施工安全的意见,必要时进行专项设计。设计单位应在设计文件中明确幕墙为危险性较大的分部分项工程,要求施工单位在施工组织设计时补充完善相应的安全管理措施。

13. 立柱与角码采用不同金属材料时没有注明所采用的防腐措施

幕墙立柱和转接件往往有两种不同金属材料的情况出现,比如立柱是铝合金材料,转接件是不锈钢或者镀锌型钢,不同金属相接触极易造成双金属腐蚀,故应有可靠的防腐措施。为避免腐蚀损坏,一般采用绝缘垫片分隔。《金属与石材幕墙工程技术规范》(JGJ 133)第4.3.2条规定,幕墙中不同的金属材料接触处,除不锈钢外均应设置耐热的环氧树脂玻璃纤维布或尼龙12垫片。图8-5中双金属接触面未设置绝缘垫片,错误。

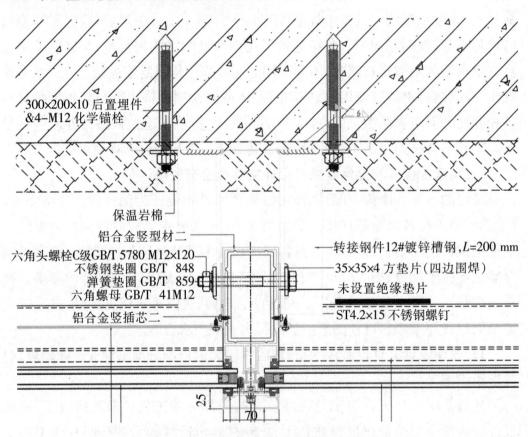

图 8-5 双金属接触面未设置绝缘垫片

14. 隐框或横向半隐框玻璃幕墙玻璃下托条没有注明长度、厚度要求,错误

隐框或横向半隐框玻璃幕墙的玻璃自重由硅酮结构密封胶传力,但硅酮结构密封胶承受永久荷载的能力很低,不仅强度设计值 f_2 仅为 0.01 N/mm^2,而且有明显的变形,所以长期受力部位应设金属件支承。故竖向幕墙玻璃应在玻璃底端设支托,倒挂玻璃顶应设金属安全件。按《玻璃幕墙工程技术规范》

(JGJ 102)第5.6.6条规定,隐框或横向半隐框玻璃幕墙,每块玻璃的下端宜设置两个铝合金或不锈钢托条,托条应能承受该分格玻璃的重力荷载作用,且其长度不应小于100 mm,厚度不应小于2 mm,高度不应超出玻璃外表面。托条上应设置衬垫。

15. 幕墙上、下立柱的连接构造做法没有绘出详图

幕墙上、下立柱的连接做法关系到立柱传力的可靠性、变形能力及施工的便捷等因素。幕墙上、下立柱的连接做法应绘出详图,并满足以下规定:

(1)按《玻璃幕墙工程技术规范》(JGJ 102)第6.3.3条规定,上、下立柱之间应留有不小于15 mm的缝隙,闭口型材可采用长度不小于250 mm的芯柱连接,芯柱与立柱应紧密配合。芯柱与上柱或下柱之间应采用机械连接方法加以固定。开口型材上柱与下柱之间可采用等强型材机械连接。

(2)按《金属与石材幕墙工程技术规范》(JGJ 133)第5.7.2条规定,上、下立柱之间应有不小于15 mm的缝隙,并应采用芯柱连接。芯柱总长度不应小于400 mm。芯柱与立柱应紧密接触,芯柱与下柱之间应采用不锈钢螺栓固定。

(3)插芯单端与立柱的结合长度应不小于型材长边边长,且不小于120 mm。插芯应有足够的刚度,壁厚应不小于立柱的壁厚。

立柱接缝宜封闭防水,幕墙立柱上终端外露型材腔口应封闭。

16. 幕墙结构风荷载标准值计算没有仔细区分部位,采用统一荷载值

幕墙属于外围护结构,对风荷载的作用较为敏感,应分区域计算风荷载作用。幕墙按照各具体部位受风荷载的影响程度,分别取不同的局部体形系数。幕墙结构风荷载标准值取值应按建筑物的体形,依据《建筑结构荷载规范》(GB 50009)第8.1.1-2条,围护结构风荷载标准值应按$W_k = \beta gz \cdot \mu s_1 \cdot \mu z \cdot W_0$计算,其中风荷载局部体形系数$\mu s_1$主要取决于建筑物的体型和尺度,对于檐口、雨篷、遮阳板、边角处的装饰条等突出构件,应取-2.0;对于封闭或矩形平面房屋的墙面,侧面墙角处取值-1.4,迎风面和侧面中间墙面取值± 1.0,计算时应分别考虑墙角和中间墙面的风压。对于非直接承受风荷载的围护结构构件,如立柱、横梁,风荷载局部体型系数μs_1可按从属面积折减。对于直接承受风荷载的围护结构构件,如玻璃面板、金属面板、石材面板,风荷载局部体型系数μs_1不应折减。

按《建筑结构荷载规范》(GB 50009)第8.1.2条文解释,对风荷载比较敏感的高层建筑,其围护结构的重要性与主体结构相比要低些,可仍取50年重现

期的基本风压 W_0，所以高度大于 60 m 的高层建筑在围护结构计算时基本风压取值不必提高。

按《玻璃幕墙工程技术规范》(GB 50009—2012)第 8.1.1-2 条计算出的风荷载标准值小于 1.0 kN/m² 时，应按照 1.0 kN/m² 取值。

按《玻璃幕墙工程技术规范》(JGJ 102—2003)第 5.3.3 条规定，玻璃幕墙的风荷载标准值可按风洞试验结果确定；玻璃幕墙高度大于 200 m 或体型、风荷载环境复杂时，宜进行风洞试验确定风荷载。

17. 横梁与立柱的连接角码与横梁、立柱错误地采用自攻螺钉连接

这种做法不安全。横梁与立柱的连接角码与横梁、立柱应采用螺栓、铆钉连接，且同一连接处的连接螺栓、铆钉不应少于两个，不应采用自攻螺钉。

18. 设计图纸没有标明钢材成型状态(热轧或冷弯)

在幕墙工程中常采用的钢材大体分热轧和冷弯两种状态，这两种钢材成形状态的不同直接导致两种钢材的设计强度不同，计算采用的规范也不同。冷弯钢结构应该采用《冷弯薄壁型钢结构技术规范》(GB 50018)，热轧钢结构应该采用《钢结构设计标准》(GB 50017)。因此，设计图纸中应明确钢材是热轧成型还是冷弯成型。

19. 对无窗槛墙的玻璃幕墙没有设实体墙裙

《玻璃幕墙工程技术规范》(JGJ 102—2003)第 4.4.10 条规定：无窗槛墙的玻璃幕墙，应在每层楼板外沿设置耐火极限不低于 1.0 h、高度不低于 0.8 m 不燃烧实体墙裙或防火玻璃墙裙。

20. 幕墙与楼层之间没有设置水平防火隔离带，或设置不规范

玻璃幕墙与周边防火分隔构件间的缝隙、与楼板或隔墙外沿间的缝隙、与实体墙面洞口边缘间的缝隙等，应进行防火封堵设计。当采用岩棉或矿棉封堵时，其厚度不应小于 100 mm，并应填充密实；楼层间的水平防烟带的岩棉或矿棉宜采用厚度不小于 1.5 mm 的镀锌钢板承托；承托板与主体结构、幕墙结构及承托板之间的缝隙宜填充防火密封材料。

21. 幕墙计算仅计算主要构件和面板是错误的

一套完整计算书，应该针对不同的结构，包括：不同部位及不同大小的面板、横竖框及其连接计算，特别是针对复杂的连接形式，更应该针对其连接形式做专项的计算，见图 8-6。结构计算不够完整主要表现在：①对于连接节点没有进行验算；②对构件的变形没有进行验算；③没有对复杂结构内容做专项计算；④对复杂的结构形式没有考虑施工顺序的影响。

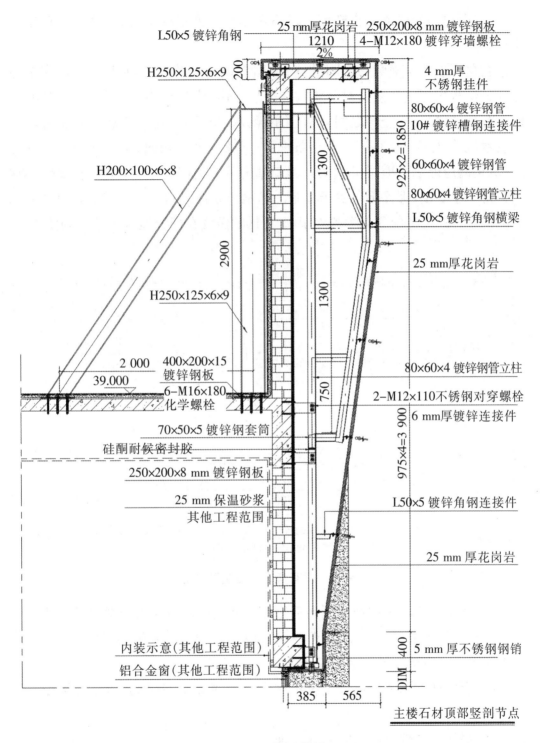

25 mm厚花岗岩 250×200×8 mm 镀锌钢板
L50×5 镀锌角钢
1210
2%
4-M12×180 镀锌穿墙螺栓
H250×125×6×9
200
4 mm厚
不锈钢挂件
80×60×4 镀锌钢管
10# 镀锌槽钢连接件
1300
925×2=1850
60×60×4 镀锌钢管
H200×100×6×8
80×60×4 镀锌钢管立柱
L50×5 镀锌角钢横梁
2900
1300
25 mm厚花岗岩
H250×125×6×9
80×60×4 镀锌钢管立柱
2 000
400×200×15
镀锌钢板
750
2-M12×110不锈钢对穿螺栓
39.000
6-M16×180
化学螺栓
975×4=3 900
6 mm厚镀锌连接件
70×50×5 镀锌钢套筒
硅酮耐候密封胶
250×200×8 mm 镀锌钢板
25 mm 保温砂浆
其他工程范围
L50×5 镀锌角钢连接件
25 mm 厚花岗岩
内装示意(其他工程范围)
400
5 mm 厚不锈钢钢销
铝合金窗(其他工程范围)
DIM
385
565
主楼石材顶部竖剖节点

图 8-6 错误做法

如图 8-6 中的石材幕墙立柱应补充计算桁架的承载力及变形,以及桁架斜撑对屋面梁的附加力、后置锚栓的抗拔承载力。

22. 石材幕墙横梁与立柱连接没有考虑适应变形的能力,采用焊接连接的错误做法

石材幕墙系统横竖料之间的连接,固接现象比较普遍,见图8-7,横梁与立柱完全采用焊接连接。对金属构件的热位移、抗变形、抗震、适应能力均有降低。合理的做法:横竖料之间宜采用螺栓铰接方式连接。《金属与石材幕墙工程技术规范》(JGJ 133)第5.6.6条规定:横梁应通过角码、螺钉或螺栓与立柱连接,角码应能承受横梁的剪力。螺钉直径不得小于4 mm,每处连接螺钉数量不得少于3个,螺栓不应少于2个。横梁与立柱之间应有一定的相对位移能力。此外,图8-7中T形连接件固定石材的做法在部分地区也被限制使用。

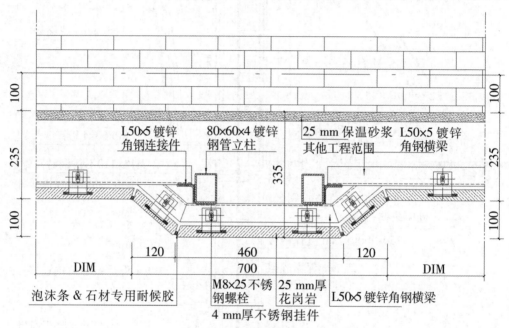

图8-7 没有考虑适应变形的能力

23. 幕墙结构与主体结构采用后置埋件连接时没有对锚栓提出明确要求

后置锚栓需要有足够的强度、一定的变形能力,在风作用、地震作用下锚栓不能失效且有耐久性。故对锚栓有一定的要求:

(1)后置埋件用锚栓可选用自扩底锚栓、模扩底锚栓、特殊倒锥形锚栓或化学锚栓。

(2)锚栓外露部分应做防腐蚀处理。

(3)锚栓直径与数量应计算确定。锚栓直径不小于10 mm,每个埋件不得少于2个锚栓。

(4)锚栓承载力设计值应不大于极限承载力的50%,并进行承载力现场试验,必要时进行极限拉拔试验。

（5）就位后需焊接作业的后置埋件应使用机械扩底锚栓,或化学锚栓与机械锚栓交叉布置。化学锚栓超过半数的后置埋件,就位后不得在其部件上焊接作业。

24. 上、下立柱采用连续梁计算时构造连接不符合计算模型假定

上、下立柱采用芯柱连接,即使按构造要求做到:上、下立柱间预留不小于 15 mm 的缝隙,上、下立柱之间用芯柱并使芯柱与上、下立柱内壁紧密接触,并有相当长的嵌入长度(《玻璃幕墙工程技术》规范规定闭口型材的芯柱总长度不小于 250 mm,金属与石材幕墙规定芯柱总长不小于 400 mm)。这种构造只能保证立柱接头可以传递水平剪力,芯柱的长度与刚度尚不能满足连续梁计算的假定,仍应按铰接计算。

25. 某玻璃幕墙立柱设计采用了下端支承,受力不合理,对立柱的稳定没有验算,做法错误

幕墙立柱是竖向杆件,在重力荷载作用下处于受压状态,出于稳定的要求必定截面尺寸较大,既不经济也不美观。因此立柱应设计成偏心受拉构件,采用上端悬挂立柱,充分发挥构件的抗拉承载力。立柱采用下端支承时,容易因立柱偏心受压造成失稳破坏。

26. 某全玻璃幕墙底层层高 6 m,采用基础梁支承 15 mm 厚的玻璃肋和中空玻璃面板,做法错误

根据《玻璃幕墙工程技术规范》(JGJ 102)第 7.1.1 条规定,厚度为 15 mm 的下端支承全玻璃幕墙,高度不得超过 5 m。本工程幕墙高度大于 5 m,故不能采用下端支承的方式。高度超过限值的全玻璃幕墙应悬挂在主体结构上。全玻璃幕墙的玻璃面板与肋的厚度均较小,如果采用下部支承,则在自重作用下都处于偏心受压状态,容易出现平面外稳定问题,且面板容易产生变形,影响美观。

27. 施工图中玻璃幕墙铝合金横梁型材厚度没有注明

幕墙的主要受力构件除考虑强度、刚度要求以外,还要考虑构件的局部稳定、连接处螺纹的可靠性,防止自攻螺钉拉脱及钢材防腐要求等,故幕墙构件有最小厚度要求。按《金属与石材幕墙工程技术规范》(JGJ 133)第 5.6.1 条、第 5.7.1 条要求,当跨度不大于 1.2 m 时,铝合金型材横梁截面主要受力部分不应小于 2.5 mm;当横梁跨度大于 1.2 m 时,其立柱及截面主要受力部分的厚度不应小于 3 mm,有螺钉连接的部分截面厚度不应小于螺钉的公称直径。钢

型材截面主要受力部分的厚度不应小于 3.5 mm。

28. 对使用中容易受到撞击的幕墙部位,图纸没有明确设置明显的警示标志

幕墙受到撞击,容易出现安全隐患。《玻璃幕墙工程技术规范》(JGJ 102—2003)第 4.4.4 条规定:人员流动密度大、青少年或幼儿活动的公共场所以及使用中容易受到撞击的部位,其玻璃幕墙应采用安全玻璃;对使用中容易受到撞击的部位,尚应设置明显的警示标志。且为强制性要求。

29. 图 8-8 中硅酮结构胶尺寸采用 18 mm×8 mm,是错误的做法

《玻璃幕墙工程技术规范》(JGJ 102—2003)第 5.6.1 条规定:硅酮结构胶的黏结宽度与厚度应通过计算确定,宽度不应小于 7 mm,厚度不应小于 6 mm。硅酮结构胶的黏结宽度宜大于厚度,但不宜大于厚度的两倍。本图中注明的硅酮结构胶宽度为 18 mm,高度为 8 mm,宽度大于高度的两倍,应该避免。

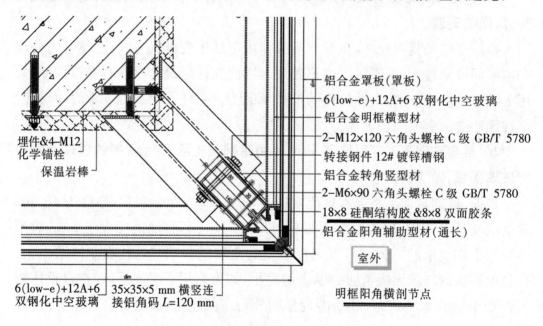

图 8-8 错误做法

第九章 非结构构件

1. 多层徽派建筑房屋设有马头墙,结构施工图中没有提供其详细的结构布置和节点详图

徽派建筑的马头墙,既有效地解决了传统木结构建筑间的防火分隔,又起到了很好的造型装饰作用,使得青山绿水间的徽派建筑看上去高高低低、层层叠叠,显得格外地错落有致,别具一格,因此马头墙是应用很广的徽派建筑的重要装饰部分。

由于马头墙是突出于主体结构以上的无侧向支撑的单榀结构,因此,合理地布置结构构件、控制马头墙高度、加强各构件之间相互连接的构造等,对增强其侧向稳定、提高其抗震性能、保证结构安全起着重要的作用。为了满足其在建筑造型上的特殊要求,结构设计应与之充分协调配合,在结构施工图中应提供其完整的结构平、立面详图并配以相应的节点详图,以明确其构件的布置、构件的连接及钢筋的锚固要求,且应通过计算或验算对其细部尺寸提出修正和限定。

2. 建筑施工图中于层间位置设空调机位时,结构设计时没有采取相应措施而让空调板或支架支承在了填充墙上

这种做法是错误的。

这是因为轻质填充墙的承载力及变形能力都较低,不得作为空调板的支承结构。而砌体填充墙的平面外承载能力低,也难以直接固定、连接附设在墙上的设备,尤其是有抗震设防要求时。因此,当确需在层间位置设空调机位时,可采用在主体结构上增设钢筋混凝土支承构件的方式解决。

3. 凸窗窗台板计算时没有全面考虑施工和使用过程中的荷载,造成其承载力不足

凸窗窗台板虽为非结构构件,但其自身的安全也十分重要。因此在进行凸窗窗台板的结构计算时,应根据其实际使用情况充分考虑其上作用的荷载以保证其安全。

首先应考虑的是自重荷载,包括凸窗窗台板及其粉刷层的重量、窗台板上的窗重量、窗台上的墙及粉刷层的质量（有墙时才考虑）等，这些质量可以根据窗台板及其粉刷层、窗、墙及其粉刷层等的材料容重、尺寸等计算；其次是安装时的施工荷载，可按《荷载规范》（GB 50009）第5.5.1条的规定采用；再次，如果窗台板下设有空调机时，由于空调机须由另一配合安装的人员经由窗台板传递到位后才能安装，因此尚需考虑传递空调机的该配合安装人员的体重和空调机质量的影响，并以附注或说明的方式在施工图中予以明确和限定。其中，各自重荷载（包括空调机的质量）应作为恒载，其余荷载均为活荷载。

4. 雨棚、挑檐天沟结构设计时没有考虑积水荷载的影响

挑檐天沟的排水口因杂物堵塞的情况时有发生，如果没有及时得到清理疏通，则会引起排水不畅，造成天沟积水。因此，挑檐天沟结构设计时要考虑积水荷载的不利影响。

当天沟没有采取溢流排水措施时，则应以挑檐天沟内可能的积水深度计算积水荷载；当天沟设有有效的溢流排水措施（如溢流排水口）时，积水荷载可以以天沟底板的板面至溢流排水口处的高度为积水深度计算积水荷载。计算时积水荷载应作为活荷载计算其荷载效应。

附录 参照的主要标准及规范

《建筑工程抗震设防分类标准》(GB 50223—2008)

《工程结构可靠性设计统一标准》(GB 50153—2008)

《建筑结构可靠性设计统一标准》(GB 50068—2018)

《建筑结构荷载规范》(GB 50009—2012)

《建筑抗震设计规范》[GB 50011—2011(2016 年版)]

《混凝土结构设计规范》[GB 50010—2010(2015 年版)]

《地下结构抗震设计标准》(GB/T 51336—2018)

《中国地震动参数区划图》(GB 18306—2015)

《建筑地基基础设计规范》(GB 50007—2011)

《高层建筑岩土工程勘察标准》(JGJ/T 72—2017)

《建筑桩基技术规范》(JGJ 94—2008)

《大直径扩底灌注桩技术规程》(JGJ/T 225—2010)

《建筑地基处理技术规范》(JGJ 79—2012)

《复合地基技术规范》(GB/T 50783—2012)

《载体桩技术标准》(JGJ/T 135—2018)

《高层建筑混凝土结构技术规程》(JGJ 3—2010)

《混凝土异形柱结构技术规程》(JGJ 149—2017)

《预应力混凝土结构设计规范》(JGJ 369—2016)

《预应力混凝土结构抗震设计标准》(JGJ/T 140—2019)

《砌体结构设计规范》(GB 50003—2011)

《木结构设计标准》(GB 50005—2017)

《古建筑木结构维护与加固技术规范》(GB 50165—92)

《钢结构设计标准》(GB 50017—2017)

《高层民用建筑钢结构技术规程》(JGJ 99—2015)

《门式刚架轻型房屋钢结构技术规范》(GB 51012—2015)

《冷弯薄壁型钢结构技术规范》(GB 50018—2002)

《地下工程防水技术规范》(GB 50108—2008)

《人民防空地下室设计规范》(GB 50038—2005)

《人防防空工程施工及验收规范》(GB 50134—2004)

《混凝土结构工程施工质量验收规范》(GB 50204—2015)

《建筑幕墙》(GB/T 21086—2007)

《玻璃幕墙工程技术规范》(JGJ 102—2003)

《人造板材幕墙工程技术规范》(JGJ 336—2016)

《采光顶与金属屋面技术规程》(JGJ 255—2012)

《金属与石材幕墙工程技术规范》(JGJ 133—2001)

《工业建筑防腐蚀设计标准》(GB/T 50046—2018)

《全国民用建筑工程设计技术措施》(2009 年版)结构系列丛书

《建筑工程设计文件编制深度规定》(2016 年版)

《危险性较大的分部分项工程安全管理规定》(住建部令第 37 号)

《钢筋混凝土构造手册》(第五版)

《混凝土结构施工图平面整体表示方法制图规则和构造详图》[16G101-1(-2,-3)]

《钢筋混凝土预埋件》(16G362)

《防空地下室结构设计》(07FG01~05)

《建筑设计防火规范》[GB 50016—2014(2018 年版)]

《商店建筑设计规范》(JGJ 48—2014)

《民用建筑太阳能热水系统应用技术标准》(GB 50364—2018)

《电梯 自动扶梯 自动人行道》(13J404)

本书编写所依据的是现行标准、规范与图集,当所依据的标准、规范与图集进行修订或有新的标准、规范与图集出版实施时,应按新版标准、规范与图集对本书相关内容进行复核后选用。